本书由国家自然科学基金项目
"面向短文本理解的带约束语义文法自动学习方法研究"
国家部委项目（41412060302）
资助出版

面向领域问答系统的

自然语言理解
及语义文法学习方法

王东升 著

江苏大学出版社
JIANGSU UNIVERSITY PRESS

镇 江

图书在版编目(CIP)数据

面向领域问答系统的自然语言理解及语义文法学习方法 / 王东升著. — 镇江：江苏大学出版社，2020.11(2024.4 重印)
ISBN 978-7-5684-1427-2

Ⅰ. ①面… Ⅱ. ①王… Ⅲ. ①自然语言处理 Ⅳ. ①TP391

中国版本图书馆 CIP 数据核字(2020)第 205575 号

面向领域问答系统的自然语言理解及语义文法学习方法
Mianxiang Lingyu Wenda Xitong De Ziran Yuyan Lijie Ji
Yuyi Wenfa Xuexi Fangfa

著　　者/王东升
责任编辑/仲　蕙
出版发行/江苏大学出版社
地　　址/江苏省镇江市京口区学府路 301 号(邮编：212013)
电　　话/0511-84446464(传真)
网　　址/http://press.ujs.edu.cn
排　　版/镇江市江东印刷有限责任公司
印　　刷/北京一鑫印务有限责任公司
开　　本/890 mm×1 240 mm　1/32
印　　张/6.875
字　　数/188 千字
版　　次/2020 年 11 月第 1 版
印　　次/2024 年 4 月第 2 次印刷
书　　号/ISBN 978-7-5684-1427-2
定　　价/48.00 元

如有印装质量问题请与本社营销部联系(电话：0511-84440882)

前　言

汉语的自然语言理解(NLU)技术在最近的十年中取得了长足的进步,然而这些研究主要是面向领域无关的基础性研究,虽然也十分重要,但是由于基础研究与现实应用之间存在着强烈的实际需求与当前处理能力不足的矛盾,使得很多通用技术还不能在现实中得到应用。本书认为,在应用层次上,针对现有的需求,开发面向领域的自然语言理解技术显得非常必要。

问答系统(QA)是目前自然语言处理领域的一个研究热点,它既能够让用户以自然语言方式提问,又能够为用户返回一个简洁、准确的答案。能否正确地理解用户意图是自动问答系统的关键,其核心就是自然语言理解。实际问答系统接受的自然语言通常是含有噪声及不符合语法规范的,传统的基于规则的语言理解方法通常在词法及句法分析时就不能产生正确的结果,更不用说最终的语义理解了。所以,鲁棒性是面向领域自然语言理解的一个重要特性。另外,鲁棒性较好的解决方案通常带来过生成及歧义问题,导致理解的准确率下降。所以面向领域的自然语言理解的一个难题就是在鲁棒性与防止过度生成及降低歧义之间找到一个平衡点。

本书共分为6个章节。

第1章:介绍背景和意义,阐述国内外在面向限定领域问答系统及自然语言理解技术的相关研究现状,介绍问答系统的评测方法,说明本书的主要内容。

第2章:对自然语言理解的相关工作进行总结,提出一种面向领域问答系统的自然语言理解技术框架。本章首先提出一种通用的带约束的语义文法形式,为确保对此语义文法的解析效率和满足实时性要求,通过对通用的语义文法形式增加限制,提出一种扁平型的语义文法形式,并提出相应的语义文法解析算法。然后,在此基础上提出一种基于领域本体和带约束语义文法的自然语言理解方法,并将之应用于问答系统,对提出的方法进行实验及分析。本章是第3章工作的基础。

第3章:对上下文相关问答的相关工作进行总结,分析上下文问题的相关类别,提出一种轻量型话语结构及上下文相关问题处理方法,并将之应用于上下文相关问答系统,对提出的方法进行实验及分析。

第4章:手工构造语义文法过程效率较低,难以保证语义文法对领域的覆盖度,因而逐渐成为这类系统发展的瓶颈。针对此问题,本章研究一种基于种子核心文法的语义文法扩展学习方法,以及两种学习范式即增量型学习范式和批量型学习范式,并对提出的方法进行实验及分析。

第5章:语义文法是一种具有较强鲁棒性的文法形式,它能够灵活处理用户查询句子中的不合语法现象,并正确理解用户的查询意图。但这种灵活性也带来很多分析歧义,带约束的语义文法可有效地解决部分歧义问题。而在现实应用中,手工增加文法约束的低效低质,将成为这类系统发展的瓶颈。针对此问题,本章研究一种有监督的文法约束学习方法,通过对所要解决的问题进行分析及建模,将文法约束学习问题看作一个归纳逻辑编程(Inductive Logic Programming,ILP)问题,最后对提出的方法进行实验及分析。

第6章:概括本书研究的内容,阐述取得的成果,对已做工作进行总结,并对以后值得进一步研究的方向做出展望。

　　本书得到了国家自然科学青年基金项目"面向短文本理解的带约束语义文法自动学习方法研究(61702234)"的资助。

　　由于本人能力和水平有限,书中难免存在疏漏,恳请广大读者指正。

著　者

2020 年 6 月

目　录

第 1 章 绪 论

"Siri 和以前公众使用过的所有产品都不相同。你说的话可以和你想表达的意思在字面上毫不相干,从严格的技术上看也似乎是文不对题,但 Siri 会根据上下文、人类历史,以及能够理解一般人类语言的人工智能去分析,并在多数情况下领会你的意思。"

——某媒体对 iPhone 4S Siri 问答系统的评价

1.1 研究背景

问答系统是目前自然语言处理领域的一个研究热点,它既能够让用户以自然语言的方式提问,又能够为用户返回一个简洁、准确的答案。能否正确地理解用户意图(Intention)是自动问答系统的关键,其核心是自然语言理解。实际问答系统接受的自然语言通常是含有噪声及不符合语法规范的。传统通用的面向领域无关的自然语言理解方法一般是先对句子做词法和句法分析,再在前述分析的基础上进行语义及语用分析来理解用户意图。但对于不合语法规范的自然语言输入,通常在第一步的词法及句法分析时就不能产生正确的结果,更不用说最终的语义理解了。虽然这些面向领域无关的基础性研究十分重要,但是由于基础研究与现实应用之间有差距,且实际需求与当前处理能力存在强烈的矛盾,从而使得很多通用技术还不能在现实中广泛使用。因此,我们认为在应用层次上,针对现有的需求,开发出面向领域的自然语言理解(Natural Language Understanding,NLU)技术非常必要。

鲁棒性(Robustness)是面向领域自然语言理解(及问答系统)的一个重要特性。但鲁棒性较好的解决方案通常带来过生成问题及歧义,导致理解的准确率下降。所以面向领域的 NLU 的一个难题就是在鲁棒性与防止过度生成及降低歧义之间找到一个平衡点。

另一方面,传统的解析器大多采用由词性及句法层次上的非终结符(如名词短语 NP,动词短语 VP)组成的文法规则,但对于自然语言理解来说,基于句法层次的文法分析也许并不是最适合的。原因包括:第一,汉语是表意语言,汉语句子的表述方式更加灵活,不像英语等拼音语言文字那样遵循严格的文法。第二,使用词性的文法规则描述的是语言的句法层面的形式,对理解语言的深层含义有作用,但贡献不大。例如,图 1.1 给出了航班信息查询领域内的一个查询语句"周五从北京到深圳的航班有哪些"在基于词性的文法规则下的句法分析结果(句法树),从中可以看出,这一分析结果对于理解句子的深层含义的作用有限[1]。

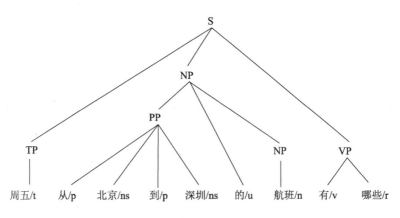

图 1.1　句法分析结果

相比句法层次上的文法规则,基于语义类的文法规则(也称语义文法)更加有助于对句子语义的理解。图 1.2 给出了上面的例句在基于语义类的文法规则下的分析结果。图 1.2 中,除叶子节点外的每个节点都是一个语义单元:根节点(QUERY_FOR_FLIGHTS)表示一个查询航班的意图,子结点 DATE_TIME 和 ROUTE 分别表示时间和航线两个查询条件,其中的航线又分为起飞城市(DEPARTURE_INFO)和到达城市(ARRIVAL_INFO)两个信息。根据图 1.2 所示的分析树,我们可以很容易地理解用户的查询意图[1]。

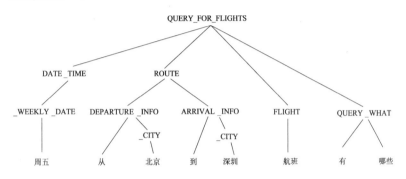

图 1.2 语义文法分析结果

但是,在具体应用时,由于在文法规则上增加了语义信息,而语义文法规则数量较多,若对类似上述的语义文法没有任何约束限制,在文法解析时必然会出现很多的解析歧义。因此,设计一种带约束的语义文法,以及相应的解析效率较高的文法分析器是目前亟须解决的问题。

另外,类似图 1.2 中所涉及的语义文法通常由领域知识工程师手工设计而成,但手工设计文法的效率较低,并且手工设计的文法通常不能准确刻画目标语言,无法保证文法对某个领域的覆盖度,且手工设计的文法也可能会产生过度生成(Over-generation)问题或欠生成(Under-generation)问题(如果由文法产生了非法句子,则称之为过度生成;反之,若一个合法句子不能由文法进行描述,则称之为欠生成)。因此,我们认为手工设计文法将会成为构建基于语义文法的自然语言理解系统的瓶颈。

解决这一问题的一种方式是从领域相关语料中自动学习语义文法,即首先从生语料中自动归纳学习领域语义词类,再在此基础上构建由语义词类组成的语义文法。这一方法的优点是具有一般性,当应用到新的领域时,不需要或只需要较少的改动。但是目前无监督的语义文法自动归纳方法离实际应用还有很远的一段距离,一词多义现象还未能得到很好的解决。这一方法最大的缺点是学习到的语义文法的可理解性较差,很难将学习到的语义文法直接在自然语言理解系统中使用。

另一种方式是首先由人工构建一个小规模的语义文法库及相应的 NLU 系统,然后系统在运行人机交互过程中捕捉学习机会并动态地更新文法规则。这种方式的优点是不需要预先收集大规模的训练语料,且由于可以与人进行交互,因而学习到的文法质量较高;缺点是学习效率较低。

本书主要围绕当前语义文法存在的上述几个不足展开,提出一种带约束的语义文法形式,并在此基础上提出一种基于本体和带约束语义文法的自然语言理解方法,并将方法应用于面向领域的普通问答及上下文相关问答系统。首先,对感兴趣的领域进行建模,模型中包括领域中的关键概念、概念的属性、概念之间的关系等。其次,在构建的领域本体的基础上,由领域专家或知识工程师构造核心语义文法。核心语义文法描述领域中概念的属性或概念与概念之间的关系的表达模式。在构造核心语义文法时,核心语义文法要能够基本覆盖概念体系中的概念及其之间的关系,但并不要求初始的核心语义文法完全覆盖这些关系的所有的浅层表达方式,获取较为完备的文法模式将在文法的动态扩展阶段完成。最后,针对不同的解析失败原因,本书分别提出基于种子的文法扩展学习和文法约束学习方法。

上述过程类似于一个人的学习过程。在幼儿阶段,通常会被灌输一些基础知识(对应于核心语义文法);在成长过程中,会在与外界环境及书本的交互过程中学习到新的知识(对应于语义文法的动态扩展学习和约束学习),并不断形成新的世界观、价值观等(对应于经过更新后的语义文法)。正如人的学习过程是无止境的一样,我们的系统也是一个不会停止学习的"机器",这也符合一般的认知:语言的表达方式不能穷尽!

1.2　国内外研究现状分析

随着计算机和互联网的迅猛发展和广泛普及,各类电子信息呈爆炸性增长,人们在方便地获得各类信息的同时,也陷入了"信息迷雾"中:人们准确、快速地获得有价值信息的难度大大增加。信息检索技术因能够使人们可以从海量信息中定位、检索到想要的信息,而受到越来越多的研究人员的关注。问答系统则是信息检索技术的一个重要分支。

自动问答通常被定义为这样一种任务:用户将以自然语言表述的问题提交到一个系统中,系统自动理解用户问题并产生答案。问答系统的典型应用场景为,用户想知道某事或某物的信息,但由于没有时间或者不愿意从大量的电子文档中查找相关的信息,从而通过自然语言表述的信息诉求,直接从自动问答系统中精确、快速地得到问题的答案。

自提出问答系统以来,研究人员分别从人工智能(AI)和信息检索(IR)两个角度开展了大量研究工作。在人工智能的早期发展阶段,问答系统主要是以各类机器可读的知识库为信息源,回答用户提出的自然语言问题。这类系统通常只能够回答那些答案已知的提问(即问题的答案作为一条知识存储于知识库中)。这类方法的优点是对于所应用的领域,通常事先构造了领域模型,如领域本体或数据库模式等,从而可以使用各种复杂的定理证明、推理等技术来满足用户复杂的信息诉求。而自从 1999 年 TREC 举办了首届自动问答竞赛（QA Track）以来，越来越多的研究人员开始从信息检索（IR）角度来开展问答系统的研究工作。参加 TREC 竞赛（这类评测竞赛还包括 CLEF 及 NTCIR 等）的各类系统的性能每年都有较大幅度的提高。IR 系统主要关注于怎样从海量的电子文档中找到包含问题答案的文本片断，并从文本片断中抽取答案。参加各种评测竞赛的开放领域问答系统一般比较容易评测，其使用的方法也是与领域无关的，通常只对问句做浅层次的分析。

AI 和 IR 系统一直是并行发展的，各有优缺点。其中，基于结构化知识的 AI 问答系统适合于那些知识易于被形式化，并且用户的提问通常需要经过各种复杂处理后方能得到答案的领域，系统一般只能处理与限定领域相关的问题，而对于非领域相关的问题通常不能回答。这类系统包括基于自然语言接口的数据库查询系统、基于自然语言界面的专家系统或知识库查询系统、基于 FAQ 的问答系统等；而兴起于 TREC，CLEF 及 NTCIR 的基于信息检索的问答技术应用领域则较广，适用于那些用户提问为简单的事实型问句的领域，这类系统包括各种基于 Web 的问答系统如 Ask Jeeves，START 等。

下面将主要回顾面向限定领域的问答系统研究的历史，总结其研究现状，面向开放领域的基于信息检索技术的问答系统及其相关技术的最新进展可参考 TREC 的相关论文集[2]。

1.2.1　面向限定领域的问答系统——早期工作

LUNAR 和 BASEBALL 是较早的两个问答系统，其中，LUNAR 可回答关于阿波罗发射过程中对岩石样本分析的一些相关问题[3]，BASEBALL 可回答某一个赛季中棒球比赛的一些相关问题[4]。这两个系统在选定的领域中都拥有较高的性能，尤其是 LUNAR，在 1971 年的某次月球科学大会上，在没有对用户做任何培训的前提下,就能够回答与会的地质学家们 90% 的提问问题[5]。
LUNAR 和 BASEBALL 这两个系统都是基于自然语言接口的数据
库查询系统,也就是说,关于特定主题的答案都存放于一个数据库
中。系统首先将用户的问题转化成数据库的查询语句,再将查询
结果作为答案返回给用户[6]。学者们对早期的一些 QA 系统做了
综述,发现其中大多数系统都关注于某一个特定领域:构造一个领
域知识库(数据库),并提供自然语言接口。而另一些系统则以规
模较小的语料库作为答案源,这些系统通常需要依靠人工来对语
料中的句子做消歧处理,或者将语料库中所有复杂句子转化为简
单句。

　　基于自然语言接口的数据库查询系统的另一个重要分支为面
向特定领域的人机口语对话系统,这类系统面临的挑战是口语的
不规范性。自 20 世纪 80 年代中后期以来,随着语音识别技术和自
然语言处理技术的快速发展,世界各国的学术界和企业界都对人
机对话系统给予了极大的关注。这些系统及项目包括美国 DARPA
的口语对话项目(Spoken Language System)、欧洲的 SUNDIAL
(Speech Understanding and DIALog)项目及 SUNSTAR 计划[7,8]。一
大批在很多领域中的实际应用也推动了人机对话系统的发展,包
括飞机旅行查询(如 Air Travel Information System, ATIS[9])、火车信
息查询(如 Railway Telephone Information Service, RAILTEL[10];
ESPIRIT 系统[11])、餐馆导航(如 Berkeley Restaurant Project,
BeRP[12])、渡船时间查询(如 WAXHOLM 项目[13])、天气查询[14]、
电子汽车分类广告[15]等。国内有关学者在人机口语对话系统研究
方面也做了大量的工作,如中国科学院自动化研究所的北极星系
统[16],清华大学先后建立的校园导航系统 EasyNav[17]和航班信息
查询系统 EasyFlight[18,19]。此外,中国科学院声学研究所[20,21]、北
京交通大学[22]、清华大学[1,23,24]等也在人机对话系统方面做了不
少有意义的工作[25]。

在 20 世纪七八十年代,很多研究人员热衷于计算语言学的研究,这也推动了问答系统在一些更为复杂领域的应用,问答系统作为一个应用框架被用于验证计算语言学的研究成果。Berkeley 大学的 Unix Consultant(UC)便是其中的代表。UC 系统可以回答关于 Unix 操作系统的一些问题,它通过将自动规划、推理、自然语言处理及知识表示等理论相结合,对用户问题进行分析,并生成问句的形式化的意义表示,然后通过查询用户模型(User Model),用目标分析技术猜测用户的信息查询需求[26]。国外也研制出了很多相关系统,如 RCHIQL,NCHIQL,NLCQI 等[27]。他们所用的是类似于语法和模板的技术,由于查询的对象是数据库,所以大部分系统都充分利用了 ER 模型。

面向特定领域的基于自然语言界面的专家系统或知识库系统则多从传统的人工智能角度来构建问答系统。早期的专家系统包括 1968 年 Feigenbaum 等在斯坦福大学建成的 DENDRAL、MIT 大学开发的数学符号运算专家系统 MACSYMA 及肺功能测试专家系统 PUFF 等。由于专家系统的知识库通常是形式化的,这类系统通常会首先将用户的查询语句转化为某种逻辑表示,再利用"合一"等逻辑推理技术从知识库中推理得到答案。国内相关系统包括陆汝钤院士主持开发的"Pangu"人机对话系统,以及由曹存根研究员建立于 NKI(国家知识基础设施)海量知识库基础上的 NKI 问答系统等。

1.2.2　开放领域 QA 与限定领域 QA 比较

面向限定领域的问答系统与面向开放领域的问答系统既有联系又有区别,有很多因素决定了现有的比较成熟的开放领域的问答系统技术对一些限定领域问答系统会失效,本节将讨论这些因素。

(1)数据规模

在开放领域的自动问答系统中,通常使用基于数据冗余的方法。Brill 最先提出这种方法,他发现当文本资源量增加时,若要为问题查找答案,只需要使用一些数据密集型的方法就可完成,而不需要很复杂的语言模型。但这种方法对于限定领域的问答系统的作用不是很大,特别是那些语料资源比较少的领域。

对语料资源较少的领域而言,含有问题答案的句子的数目自然也会少很多。在这些领域使用一些相对复杂的语言处理技术就显得相当重要了,这些技术包括句子浅层语意理解、推理等。

（2）领域语境

面向限定领域的自动问答系统通常提供了非常具体的领域语境,在这个语境中,每个词所对应的义项通常是其所有义项的一个子集,所以,语义消歧在面向限定领域的 QA 中的影响有限,尽管有些词在某个领域中还存在多义的现象。

另外,面向限定领域的问答系统所接受的输入通常与开放领域的问答系统的输入有很大的不同。限定领域的问答系统的用户,特别是一些领域专家,在向系统提问时通常会使用一些非常具体的领域术语,而且这些问句通常会比较复杂。而在开放领域的问答系统中,用户的问题会相对比较简单（如事实型问题）,用户提问的用词也多是一些平常用语。这些特点决定了面向限定领域的问答系统通常需要较复杂的问句处理技术,而开放领域的问答系统则只需要采用相对较浅层次的语言理解方法。

（3）可用资源

面向限定领域和开放领域的问答系统的最大的不同点就是,前者通常有很多领域相关资源可以使用,而这些资源对于理解用户的提问是十分有用的。

直观地说,一个好的面向限定领域的问答系统的语言理解方法,应该能够尽可能多地利用领域的可用资源,以便能够深层次地理解用户的提问意图。

对于某个特定领域来说,可用的领域资源通常与领域的复杂性及领域用户的需求密切相关。可用的领域资源可以是简单的领域实体列表,也可以是一个形式化的包含领域知识的高层次的本体。在人工智能领域中,本体是一种"形式化的,对于共享概念体系的明确而又详细的说明",在智能系统中,它被看作是支持知识共享与重用的重要工具。领域本体(Domain Ontology)所建模的是某个特定领域,或者是现实世界的一部分。领域本体所表达的是那些适合于该领域的术语的特殊含义。

而对开放领域的问答系统来说,通常没有这样的具体领域信息。可以利用的资源包括一些通用本体资源,如 WordNet 及 HowNet、常识本体 CYC 等。但是这些资源在应用到限定领域时,效果却不是十分理想,因为对某个具体领域来说,这些通用的本体资源中的信息通常是失衡的。具体来看,通用本体中的某些部分对某些具体领域应用来说知识描述粒度太粗,比如对于一些比较特殊的领域,其中有些术语在通用本体中根本找不到相关义项;而另一些部分的知识描述粒度又过细,比如,有些词在通用本体中有多个义项,但在某个具体领域里有些义项根本不会出现,这些词的使用通常是没有歧义的,当使用通用本体资源来解析问句时,会增加很多不必要的歧义;最坏的是,通用本体中的某些信息对于具体领域是不合适的。比如,某些词在某个具体领域通常会有特殊的含义,而这些含义通常不会出现在通用本体资源中。例如,"打印"一词在通用本体中是一个动词,义项为"将某些信息在纸张上印制出来",但在程序设计领域,"打印到屏幕上"中的"打印"却表示"将信息显示在屏幕上",而这一义项却不会包含在通用本体中;当使用通用本体资源时,就会导致理解错误。

1.2.3　限定领域 QA 分类

根据答案源的不同形式及输入自然语言的表现形式,我们把面向限定领域的问答系统做图 1.3 所示的分类。

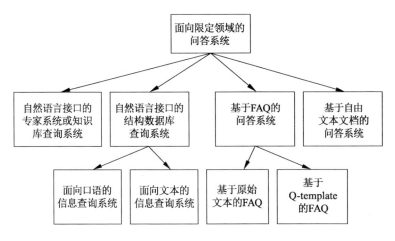

图 1.3　面向限定领域的问答系统分类

　　在不同的领域应用环境中,我们需要设计不同类型的问答系统。其中,基于自然语言接口的专家系统或知识库查询系统的信息源(答案源)为机器可读的领域知识或专家知识库,在用户输入自然语言查询时,系统首先将自然语言表述转化成特定的知识表示形式(取决于知识库的表示形式),并利用推理得到答案。这类系统的缺点是专家知识的形式化表示通常需要耗费大量的人力,且知识库的完整性很难保证;优点是系统具有较强的推理能力,所使用方法的理论基础较好,这些方法包括知识表示、逻辑推理、自然语言的逻辑转换等。

　　基于结构数据库的问答系统是从一个预先建立的结构化的数据库中查找提问的答案。系统需要将用户的自然语言表述转换成数据库的查询语言,如 SQL。从自然语言的表现形式来看,这类系统可分为口语和文本输入的信息查询系统。由于语音识别准确率低及口语本身具有语法不规范等特性,因而要求基于口语的信息查询系统具有较强的鲁棒性。

　　基于常用提问集的问答系统是在已有的"问题—答案"对集合

中找到与用户提问相匹配的提问,并将其对应的答案返回给用户。按照 FAQ 库中"问题"的表现形式,可分为基于原始文本的 FAQ 和基于 Q-template 的 FAQ,其中,基于 Q-template 的 FAQ 是在对用户的常问问题进行分析整理后形成的一种结构化表示形式,一个 template 可表示一簇表达相同或意思相似的问题,这类系统的优点是经过整理后的 FAQ 库的规模变小,但 FAQ 库的覆盖面变大了。基于 FAQ 的问答系统的关键在于计算用户查询和 FAQ 知识库中问题或 Q-template 的相似度。计算相似度的方法有很多,大致可分为两种:其一,不考虑语义信息,而是直接利用模式匹配技术、关键字(词)匹配技术、基于向量空间模型的 TF/IDF 方法等计算相似度;其二,考虑语义信息,利用 WordNet 及 HowNet、《同义词词林》等语义知识资源,计算用户查询与 FAQ 知识库中所有问题的语义相似度。

另外,基于自由文本文档的问答系统与开放领域的问答系统相似,即从预先建立的文本语料库中查找答案,类似于 TREC QA Track。这类问答系统无法涵盖用户所有类型提问的答案,但能够提供一个优良的算法评测平台,适合我们对不同问答技术的比较研究。这类系统在限定领域的应用较少,因为在限定领域中,语料资源较少,预先收集文本语料库通常比较困难。

1.2.4　典型的面向限定领域的 NLU 技术分析

自 20 世纪 80 年代末以来,面向限定领域的 NLU 技术作为问答系统的核心模块就一直是一个活跃的研究领域。总体来说,NLU 方法可大致分为基于自然语言处理的方法、基于语义文法的语义理解方法、基于统计的语义理解方法及将后述两者相结合的方法。

1.2.4.1　基于传统自然语言处理的 NLU 方法

这类系统的共同特征是将自然语言输入转换为某种形式化的意义表示,如逻辑(一阶谓词)、语义网络(Semantic Networks)、概念依赖图（Conceptual Dependency Diagrams）、框架（Frame）等。这类方法可应用于面向数据库的自然语言接口、专家系统或知识库查询系统、故事理解系统（Story Comprehension System）等。

Moldovan 等[28,29]提出了 Logic Form，即把问句和文本同时转化成统一的 Logic Form（QLF 和 ALF），通过对 QLF 和 ALF 的运算来抽取答案。Logic Form 最大的特色是它结合词汇链可以表达语义知识，实现推理功能。

典型的基于自然语言处理的 QA 系统的架构如图 1.4 所示[30]。图中标出了语言分析模块及领域相关知识模块。

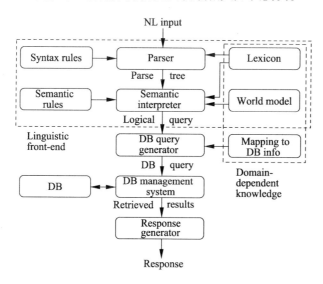

图 1.4　基于自然语言处理的 QA 典型系统结构

语言分析模块首先要对自然语言查询进行分析，再将其翻译成中间逻辑表示，最后逻辑表示被转换成特定的数据库查询语言。而领域相关知识则包含领域应用所密切相关的信息，包括领域词典和领域模型。领域词典中包含了领域相关术语，而领域模型则刻画了领域知识结构，比如领域类及对象的层次结构，对象的属性及其之间的关系。通常领域模型使用领域本体进行描述。

基于自然语言处理的 QA 系统还可以利用机器学习方法来完善其中涉及的句法规则[31]、词典[32]、语义规则[33]及领域模型[34,35]等。有的学者发表了关于基于自然语言处理的 QA 系统的综述[30,36]。典型的系统如 Symantec's Q&A，IBM's Language Access[37]及 Bim's Loqui[38]。

Mollá 等[39]指出 NLP 方法比较适合于那些范围较窄且较复杂的领域，而信息检索技术则适合于数据冗余较多的领域。因为 NLP 方法需要依赖于知识库，这增加了系统移植的难度。从图 1.4 可以看出，当问答系统所处理的语种改变时，一般需要修改语言分析模块中的 6 个子模块，而当变换所应用的领域时，则需要改变领域知识所对应的 3 个子模块。这些改变均需要经验丰富的编程人员、知识工程师及数据库管理员的参与。Winiwater[34]通过引入领域无关和领域相关两个词典来提高系统的可移植性。

图 1.4 的语言分析模块是按照传统的自然语言理解方法来进行语言分析，即先按照句法规则对句子做句法分析，再依据句法与领域语义的对应关系［即图中的语义规则（Semantic Rules）］，对句法分析结果进行语义解释。这一过程对面向限定领域的问答系统特别是口语对话系统来说通常是低效的。并且，问答系统的自然语言输入通常是含有噪音的、不合语法规范的［称为病构的（Ill-formed）］，而这就会导致上述语言分析过程的第一步常常就不能产生正确的结果，就更不用说后续的语义处理了。

为了处理自然语言的非规范输入，通常设计一套纯语义的文法可以使解析器的鲁棒性更强，在解析的过程中可以跳过一些无意义的单元，对输入自然语言语句的片段产生部分解析结果，这些由句子片段产生的解析树分别被转化成语义框架，最后再使用一些启发式规则将这些片段对应的语义框架组合成整个句子的语义框架表示[40-43]。

1.2.4.2　基于语义文法的 NLU 方法

Burton 于 1976 年首先提出语义文法(Semantic Grammar)的概念,他认为语义文法在形式上类似于 Chomsky 的形式语法,但语义文法可以在同一个模型中集成语法和语义信息,其中的语义类都是针对特定的应用领域。在限定的领域应用中,基本可以无歧义地建立词与语义类的对应关系[44]。系统 PLANES[45]、LADDER[46]、REL[47,48]、EUFID[49]等均以语义文法为基础建立了面向数据库的自然语言问答系统。

语义文法是一个宽泛的概念,一般来说,语义文法是指文法中带有语义单元,可以根据实际系统的需要,采用不同的表示形式,包括 Finite State Machine(FSM)、Augmented Transition Networks(ATN)、Context-free Grammar[50]等。

语义文法与句法文法最大的不同点在于:语义文法中的非终结符被赋予了领域语义,从解析结果中可以直接获取句子的语意信息。而传统的基于句法文法的解析结果只能得到句子的句法信息,须经过进一步的语义处理后方能得到句子的语意信息。语义文法中可以包括句法层次和语义层次上的非终结符,也可以只包括语义层次上的非终结符。采用前一种设计模式的语义文法由于包含领域无关的句法层次上的规则和领域相关的语义规则,故在应用到新的领域时,可以重用领域无关的那部分规则,具有较好的可移植性,但文法相对较复杂,文法规则数目较大;而后一种设计模式由于只包含语义层次上的规则,故文法数目相对较少,较容易设计,但当将系统应用到一个新的领域时,已有语义文法往往很难被重用。

使用语义文法描述语言的优点是可以给出句子丰富的语义结构,与句法文法相比,语义文法中的非终结符更多,文法规则的数量也更多,所以,为了使设计的语义文法具有较好的领域覆盖度和准确度,通常需要文法设计人员进行多轮调优(包括增加、删除、更新等操作),这一过程相当费时费力。

为了使设计的文法具有较好的可移植性并减轻文法设计人员的工作量,通常可以在语义文法中加入一些领域无关的内容。Seneff 等[40]提出了一种减轻语义文法设计过程难度的方法。通过重复利用文法中与领域无关的部分,从而在将系统应用到新领域时,只需要重新设计领域相关的那部分文法,而不需要全部重新设计文法。方法基于这样的假设:句法结构在不同领域之间通常改变不大,所以高层次的上下文无关句法文法可以被不同领域所共享。通过使用领域相关的语义标签替换低层次的句法标签来引入领域知识。比如,名词短语标签(NP)可以用领域相关的概念标签"宾馆名称(HOTEL_NAME)"替换。Dowding 等[51]使用类似的思想在"合一文法(Unification Grammar)"中引入领域相关的语义特征。这种方法的缺点是对文法设计人员的要求较高,其必须同时对句法知识及领域知识有深刻的理解。Ward 等[52]设计的 Phoenix 系统则使用了一种完全不同的方法来刻画语义信息,该方法的缺点是限制了文法在多个领域中的共享,但文法设计人员可以在不需要了解任何句法规则的情况下对语义文法进行调优。

虽然可以通过上述提到的一些技巧来减少手工设计文法的枯燥的过程,但还是无法避免手工工作效率低、文法覆盖度难以保证等缺点。在人机交互过程中,人输入的自然语言(口语或文本)通常是不规范的(重复、省略、错误输入、词序混乱和病句等现象),这一特点对 QA 系统中的自然语言理解模块(NLU)提出了巨大的挑战,要求其能够鲁棒性地处理用户的自然语言输入,容忍用户输入中的"小缺点",并能够准确理解用户的意图。通常有两种途径来保证 QA 系统的鲁棒性,分别是采用自动学习文法方法和鲁棒式解析方法。两种方法可参考相关论文,此处不再赘述。

1.2.4.3 基于统计的 NLU 方法

由于数据驱动的、基于统计方法的 NLU 系统可以将设计人员从繁重的文法设计过程中解脱出来,因而获得了很多研究人员的青睐。

Pieraccini 等[53-55]将 HMMs 和 n 元语法模型相结合来刻画自然语言。模型使用标注语料进行训练。前者使用一种相对扁平的结构来表示语义,而后者则可以处理带嵌套的语义结构。

Della Piertra 等[56]基于统计机器翻译的研究成果提出了一种模型,在这个模型中,语义表示中的一个概念可以覆盖句子中多个不连续的词。Macherey 等[57]同样基于统计机器翻译技术提出了一个不同的 NLU 模型。He 等[58]研究了 HMMs 在 NLU 中的使用,发现两个状态之间的转移概率可以分解为栈操作的概率,其中栈操作可以将一个状态转化成另一个状态。

Meng 等[59]提出了一种基于置信网络(Belief Networks)的语言理解方法。该方法首先建立一个训练语料库,对咨询句子进行语义标注(用语义词典中的语义词类标注词),以及用已知领域内的信息查询目标集合中的元素来标注咨询句子。依据标注语料,采用特征选择方法(MI 和 IG)为每个信息查询目标选择语义特征(文中每个信息查询目标拥有不多于 20 个的特征),并为每一个信息查询目标分别建立语义特征与信息查询目标的贝叶斯网(文中建立了 11 个较常见的信息查询目标的贝叶斯网),以信息查询目标为 cause 原因节点,语义特征为 effect 节点。最后基于标注语料库对贝叶斯网进行参数训练。在推断新的咨询的信息查询目标时,以所有贝叶斯网中推断的后验概率最大的贝叶斯网所对应的信息查询目标为最终推断结果。

Wu 等[60]提出了一种基于弱指导学习的面向领域的口语理解方法。该方法将口语理解看作两个分类问题。首先,使用主题分类器识别输入句子的主题,再在识别的主题的基础上,使用训练好的槽分类器从句子中提取出槽—值序对,最终生成句子的语义表示。此方法只需要少量的训练数据,并且克服了一般的基于统计的自然语言理解方法理解深度不够的缺点。

Minker 等[61]提出了一种基于一阶隐马尔科夫模型的语义分析方法。该方法首先手工标注一批语料,标注内容为句子成分与语义标签的对齐,基于标注语料训练一阶隐马尔科夫模型的参数,其中句子成分为观察序列,语义标签为状态序列。在解析新句子时,基于统计模型得到最有可能的状态序列,并基于模板将状态序列转换成语义框架表示[62]。

基于统计的 NLU 的优点是鲁棒性及可移植性较高,但这类系统通常采用机器学习方法如贝叶斯分类器、VSM 模型构造分类器,产生的是一个无层次的分类,并不能产生一个带有嵌入变元的结构,如分析树,对于那些需要详细分析句子结构的应用来说,这类方法就显得不够了。这类方法较常应用于电话分类(Call Routing)等只需要获取句子浅层语义的应用。

另外,这类系统通常需要海量的训练数据,而在很多实际应用中,通常很难得到大量的训练数据,故数据稀疏是亟须解决的问题。虽然有些系统可以在预处理过程中,用领域相关概念替换字符串(如在 ATIS 领域中,可以使用"城市名"替换语料中实际出现的城市名称)来部分解决数据稀疏问题,但对那些自底向上、纯数据驱动的文法归纳算法来说,在稀疏语料上学习到的文法质量难以保证,需要语言专家人工校验学习到的文法,并且要手工为自动学习到的语言结构赋予确当的语义标签。

1.2.4.4 基于规则与统计相结合的方法

Pieraccini[62]分析了设计 NLU 系统在不同阶段所可能面临的一些困难:

① 在系统设计初期,通常只有很少的数据可用于训练。所以,系统设计几乎是从零训练数据开始的。这时候的唯一选择就是手工设计文法。

② 在系统部署运行一段时间后,通常会积累大量的数据,而要

通过人工来分析这些数据以发现系统存在的问题是极其困难和不现实的。这时候，自动学习功能就可以十分有效地提高系统的性能。

从上述分析可以发现，对一些领域应用来说，单纯地使用基于文法规则或基于统计的 NLU 方法都还不能满足现实需求，同时，基于文法规则的 NLU 方法能够获得句子丰富的结构信息，而基于统计的方法又能够容忍自然语言的随意性。所以，在实际应用中，通常将两类方法以不同的方式相结合。

Wang 等[63] 提出了一种将统计模型与语义文法相结合的口语理解系统。在系统中首先采用 SVM 和 Naïve Bayes 等分类器识别用户的查询意图，再根据识别出的查询意图，选择与此查询意图相关的文法对句子进行解析，并最终依据解析结果生成句子的语义表示。此方法充分结合了统计模型的鲁棒性及语义文法能够生成复杂结构的特性。

Schapire 等[64] 将先验知识引入统计模型，以弥补在构建鲁棒分类器时所遇到的训练数据稀疏的问题。文中给出的 AdaBoost 算法将多个简单、准确率适中的分类规则训练成一个统一的、准确率高的模型。AdaBoost 算法是完全数据驱动的，需要足够的训练数据才能保证获得较高的准确率。为了克服某些领域训练数据较少的问题，Schapire 提出使用已有的领域知识来补充训练数据。方法的基本思想是修改 AdaBoost 中的损失函数（Loss Function），从而在两方面的因素上取得均衡，即与训练数据的适应度量及与领域知识的适应度量。Schapire 将方法应用于电话自动分类应用中，并取得了较好的分类效果。

Rayner 等[65] 提出了一种基于决策列表的口语理解系统，系统根据训练数据的是否可用及训练数据是否足够，动态地决定是否使用基于规则的方法或数据驱动的方法或将两者相结合的方法。系统采用的决策列表是完全透明的，可以动态地配置系统的语言理解方法,在早期训练数据缺乏时,系统以基于规则的语言理解方法为主,当训练数据积累得越来越多时,系统逐渐演变到以数据驱动方法为主的语言理解方法。

为了解决系统移植性问题,Wang 等[66] 提出了将领域相关的 CFGs 融合到领域无关的 N-Gram 模型中,融合后的模型可以提高 CFG 的通用性及 N-Gram 模型的领域相关性。融合后的语言模型与单纯的 N-Gram 语言模型相比,可以大大降低其在测试集上的困惑度。例如:

① Meeting at three with Zhou Li.

② Meeting at four PM with Derek.

如果使用一般的 N-Gram 语言模型,如三元模型,将要估计 P(Zhou ∣ three with) 和 P(Derek ∣ PM with) 等概率,这些概率并不能从语料中捕捉到长距离的语义信息。而在融合后的模型中,CFG 可以捕捉到句子的领域语义结构。

比如对于上例,CFG 中包含关于"NAME"和"TIME"的语义规则,可以首先使用分析器依据这些 CFGs 对训练语料进行解析,比如,上述训练语料中的句子变为如下形式:

③ Meeting {at three:TIME} with {Zhou Li:NAME}.

④ Meeting {at four PM:TIME} with {Derek:NAME}.

使用解析后的语料再来训练 N-Gram 模型,可以获得这样的概率:P((NAME) ∣ (TIME) with),同原始的 N-Gram 模型相比,融合 CFG 的 N-Gram 模型更能准确地刻画领域语义特性。可以将这种方法看作一个标准的 N-Gram 模型,只不过其字典中包括了一般的词及一些结构化的语义类。结构化的语义类可以非常简单,如上例中的 TIME 和 NAME 等,也可以包含非常复杂的领域语义结构。

1.2.5　面向限定领域的问答系统评测

对开放领域的问答系统而言,由于其所处理的问题类型较少,且问题较为简单,如事实型、列表型等,在评测时可分别对不同的问题类型制定特定的评测方法。目前,对开放领域的问答系统进行评测的国际会议有英语问答评测平台 TREC QA Track Ⅵ、日语问答评测平台 NICIR Ⅶ 和多语言问答评测平台 CLEF Ⅷ 等。其所采用的评测指标主要包括平均排序倒数(Mean Reciprocal Rank,MRR)、准确率(Accuracy)和 CWS(Confidence Weighted Score)等。如 MRR 的定义如下:

$$MRR = \frac{1}{N} \cdot \sum_{i=1}^{N} \frac{1}{\text{第 } i \text{ 个问题的标准答案在系统}} \qquad (1\text{-}1)$$
$$\text{给出的排序结果中的位置}$$

式中,N 表示问题的总数;i 表示第 i 个问题。如果标准答案存在于系统给出的排序结果中的多个位置,以排序最高的位置计算;如果标准答案不在系统给出的排序结果中,得 0 分。

上述指标是将问答系统看作一个黑盒,即只对系统输出的答案质量进行评价,这些指标对于开放领域是适用的,因为对于用户的输入,几乎都能在存在大量冗余的资源中查找到答案。而对限定领域的问答系统而言,即使对用户输入的提问分析正确,由于答案源中没有包括该条知识,也不能反馈答案。如果此时还是按照开放领域的评测方法对系统进行评价,就不太合理。

所以,对于限定领域的问答系统,要分别对几个主要部件的性能进行评价,主要包括 NLU 模块的评价及答案源的评价。对于不同的 NLU 方法来说,评价方法也不尽相同。比如,对于使用语义文法的 QA 系统而言,NLU 的评价指标包括:文法 G 对测试语料的句子意图识别准确度(Intent Identification Accuracy,IAccu)、正确理解结果的平均排序倒数(IMRR)、语义槽识别准确度(Slot Identification,SAccu)等。其中,句子意图是一种较浅层次的语义理解,是对说话者言语行为(Speech Action)的总体概括,对限定领域的某个应用来说,言语行为的数量是有限的。而语义槽是指 NLU

模块要从句子中抽取出的特定概念。定义如下：

$$IAccu = \frac{\#意图识别正确的句子数}{\#测试语料中的总句子数} \qquad (1\text{-}2)$$

$$IMRR = \frac{1}{N} \cdot \sum_{i=1}^{N} \frac{1}{\begin{array}{c}第\,i\,个问题的正确的解析结果\\在所有候选解析结果中的位置\end{array}} \qquad (1\text{-}3)$$

$$SAccu = \frac{\#正确识别的概念槽数}{\#语料中所有需识别的概念槽数} \qquad (1\text{-}4)$$

答案源的评价公式如下：

$$Coverage = \frac{\#所有理解正确并得到正确答案的问题数}{\#所有理解正确的问题数} \qquad (1\text{-}5)$$

1.3　关于本书

1.3.1　研究方法的目标

本书主要研究面向领域应用的通用的自然语言理解方法及与之相关的自动文法学习方法等。本书研究方法的总体目标包括：

① 可移植性：方法不需要改动或很少改动就可以移植到新的领域或新的语言中。

② 有效性：所提出的自然语言理解方法应能够尽可能地识别领域相关句子，而且能够有效拒绝与领域无关的句子。

③ 可扩展性：自然语言理解方法及文法学习方法具有较好的可扩展性。

图 1.5 为本书所涉及的模块及其关联的总体框架。

图 1.5 所示框架中的虚线框模块为本书所要重点研究的部分。各个模块及资源的简要介绍如下：

NLU&CNLU：普通的自然语言理解及支持上下文相关的自然语言理解模块。在构建领域本体（Ontology）及语义文法的基础上，调用语义文法解析器（Semantic Parser）对用户的句子进行解析，生成句子的所有解析树，并选择最优的解析树作为解析结果；系统最终通过人机接口（User Interface）与人进行交互，包括提供自然语言对话界面及各种提示等。其中，语义文法由核心语义文法（Kernel Grammar）及与用户交互扩展得到的语义文法（User Grammar）组成。

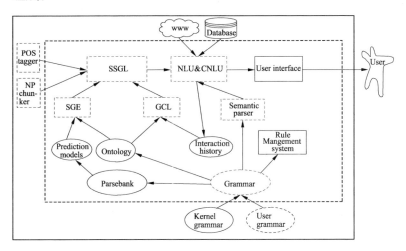

图 1.5 总体框架

SSGL：Seeded Semantic Grammar Learning 的简称，即基于种子的语义文法学习系统，包括基于种子的文法扩展学习（Seeded Grammar Extending, SGE）和文法约束学习（Grammar Constraint Learning, GCL）。人机交互日志（Interaction History）是文法扩展学习的重要依据，如提取作为扩展学习或文法约束学习的训练语料等；在文法扩展学习中，当使用现有文法库中的规则无法为句子建立一棵解析树时，利用预测模型（Prediction Models）依据部分解析结果，预测整个句子可能的顶层节点，使用树库（Tree Bank）来训练预测模型；在文法学习时，词性标注器（POS Tagger）及名词实体标注器（NP Chunker）对句子的标注信息是文法学习的重要特征；在学习到新的文法规则后,利用文法库管理模块(Rule Management System)对文法库进行管理,包括各种概化处理及合法性检测等,以保证文法库的整体准确性、一致性等。

1.3.2 研究内容及成果

具体来说,本书的主要研究内容及对应的成果如下:

(1)研究和实现了一种基于带约束语义文法的 NLU 方法及 QA 系统

本书提出了一种面向领域问答系统的自然语言理解技术框架。本书首先提出了一种通用的带约束的语义文法形式,为确保对此语义文法的解析效率和满足实时性要求,通过对通用的语义文法形式增加限制,提出了一种扁平型的语义文法形式,并给出了相应的语义文法解析算法。在此基础上,本书提出了一种基于领域本体和带约束语义文法的自然语言理解方法。

(2)研究和实现了基于本体和语义文法的上下文相关问答系统

本书在所提出的非上下文相关问答系统的基础上,提出了一种可以处理上下文相关问题的方法并开发了系统 OSG-CQAs(Ontology and Semantic Grammar based Contextual Question Answering System)。首先识别当前问题是否是一个 follow-up 问题,若是,依据提出的上下文相关类别识别算法来识别其与前面问题的具体的相关类别;然后提出了一种语境信息融合算法,即根据相关类别,利用话语结构中的语境信息对当前的 follow-up 问题进行重构,并提交到非上下文相关问答系统 OSG-QAs(Ontology and Semantic Grammar based Question Answering System)中。

(3)研究和实现了基于种子的语义文法扩展学习方法

手工构造语义文法过程效率较低,难以保证语义文法对领域的覆盖度,逐渐成为发展这类系统的瓶颈。本书研究了一种基于种子的文法扩展学习方法,首先通过种子文法对解析失败句子进行部分解析,在此基础上试图构建句子的完整解析树,包括预测部分解析结果的顶层节点、生成新扩展文法规则假设及验证假设等,并对扩展学习到的文法规则进行一些后处理操作,包括对规则进行概化处理、冗余检测等。最后,本书提出了两种文法扩展学习范式即增量式学习范式和批量式学习范式,其中,在批量式学习范式中,提出了一种通过对学习语料中数据的"可学习性"度量来筛选学习对象,从而提高文法扩展学习的整体质量和效率;而在增量式学习范式中,通过与用户的交互来辅助文法学习过程,能够极大提高文法的学习质量。

（4）研究和实现了语义文法约束学习方法

本书给出的语义文法是一种具有较强鲁棒性的文法形式,它能够灵活处理用户查询句子中的不合语法现象,并正确理解用户的查询意图。但这种灵活性也带来了很多分析歧义,带约束的语义文法可有效地解决部分歧义问题。而在现实应用中,手工增加文法约束的低效低质将成为发展这类系统的瓶颈。本书提出了一种有监督的文法约束学习方法,通过对所要解决的问题进行分析及建模,将文法约束学习问题看作一个 ILP 问题,通过人工挑选出文法规则的解析正反例集合,并将之转换成适合于文法约束学习的训练集。在约束学习中,提出了一种基于 beam-search 搜索策略的搜索算法及算法停止条件,当算法满足停止条件时,整个学习过程停止。约束学习算法能够保证学习到可以覆盖尽量多正例且覆盖尽量少反例的约束。

1.3.3　研究框架

本书结构如图 1.6 所示。

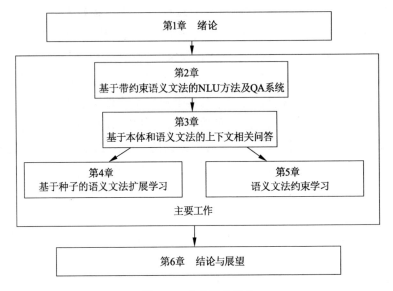

图1.6 本书总体结构

第1章是本书的引言,主要介绍工作的背景、内容、意义及国内外研究现状。

第2章提出一种带约束的语义文法类型,以及基于领域本体和语义文法的 NLU 系统,并将之应用于问答系统。这是第3章工作的基础。

第3章在分析上下文问题的相关类别基础上,提出一种轻量型话语结构及上下文相关问题处理方法,并将之应用于上下文相关问答系统。

第4章研究基于种子的语义文法扩展学习方法,以及两种学习范式即增量式学习范式和批量式学习范式。

第5章针对手工编写文法约束的低效及容易引入错误等不足,研究了语义文法约束自动学习方法。

第6章对工作做出总结,并对以后值得进一步研究的方向提出展望。

第2章 基于带约束语义文法的 NLU 方法及 QA 系统

2.1 引言

互联网信息系统的快速发展,对基于自然语言接口的信息查询技术提出了越来越高的要求,但目前通用的自然语言理解技术还不能满足实际需求,特别是实际的领域相关系统的应用[67]。因此,我们迫切需要研发出一种面向领域相关的自然语言理解技术。

领域相关系统的形式是多种多样的,如果逐个来开发,那将是非常费时费力的一项工作,而且这样的工作必定只能由少数专家来完成,这也与领域相关系统的应用广泛性矛盾。我们希望将主要精力集中于一类有共性且应用广泛的系统上,即领域相关的基于自然语言输入的信息查询系统。这样的系统是当前领域相关系统研究和应用的重点,如智能客服、航班信息查询、旅游景点信息查询等。这类系统有以下特点:

第一,它们是面向特定任务或某一特定领域的;

第二,它们采用口语式的自然语言作为人机交互方式。

选择这样的系统作为研究对象有以下三方面的原因[24]:

其一,从实际应用的角度看,这类系统应用于实际,可以为社会节省大量的资源,提高信息服务的质量;

其二,从研究策略的角度看,这类系统具有一定的代表性,是进一步研究领域无关系统的基础;

其三,从应用前景的角度看,自然语言是人类最方便、使用最多的交流方式。

基于以上观点,本书提出一种面向领域的自然语言理解技术框架。具体方法是,首先提出一种通用的带约束的语义文法形式。为确保对此语义文法的解析效率和满足实时性要求,本书通过对通用的语义文法形式增加限制,提出一种扁平型的语义文法形式,并给出了相应的语义文法解析算法。在此基础上,本书提出一种基于领域本体和带约束语义文法的自然语言理解方法。为了验证方法的有效性,本书将此方法应用到两个实际的应用领域的信息查询系统。实际运行结果表明,该方法切实有效,系统理解准确率分别达到82.4%和86.2%,MRR值分别达到91.6%和93.5%。

2.2 相关工作

按照问答系统所处理的应用领域,可大致将问答系统分为受限领域的问答系统及开放领域的问答系统两类。受限领域的问答系统最常用的技术为基于常问问题集(FAQ)方法。基于FAQ的问答系统可以作为开放领域的问答系统的一个有效补充,如果相似的问题被询问的次数较多,则可将问题—答案对存放到常问问题集中,当用户的提问与常问问题集中的问题相符时,可直接将对应的答案反馈给用户,从而免去了重新组织答案的过程,能够提高系统的效率[68]。而目前大多数的FAQ系统只提供关键字搜索方式,这种方式的最大缺点就是很难准确地捕获用户的真正意图,并且搜索到的内容不一定是相关的。另外,这种方式也不能使用系统提供的各种运算符号,如"与""或""非"等来构造复杂的查询。一种有效的解决途径是为系统提供自然语言方式查询接口,用户通常能够通过这种自然、简洁的方式来准确地表达意图,而这并不需要用户经过特殊的训练。

按照问答系统所使用的技术,可将问答系统分为基于自然语言理解(NLU)技术的问答系统、基于信息检索的问答系统和基于模板匹配的问答系统三类。现阶段,自然语言理解的技术还不成熟,对句子的深层句法、语义分析还未达到实用的要求[69],而基于信息检索的问答系统对于某些类型的问题还没有切实有效的办法,如对于 how-to 及 why 等类型的问题,此类系统的准确率还远远不能满足实际的需求。

应用于受限领域的基于模板匹配的自动问答系统,由于不需要深层次地理解用户的问句,对于问题的类型没有限制,而且其答案的形式多种多样(取决于与模板相关联的标签),可以是文本、数据库中的数据、多媒体文件等,因此大大提高了系统的反应速度、拓宽了应用范围[70]。

FAQ Finder[71,72] 是一个在已有的外部 FAQ 文件集合的基础上为用户提供导航的系统。系统首先为 FAQ 文件建立索引,为了将用户问句与 FAQ 集合相匹配,系统首先对问句进行语法剖析,识别出其中的动词、名词短语,再利用语义资源如 WordNet 等匹配出其中的语义概念,继而识别出索引文件中与问句最可能匹配的FAQs。Auto-FAQ[73] 维护了自己的一个 FAQ 集合,并不对外部的FAQ 集合进行索引,该系统采用了一种浅层的自然语言理解技术,经过有限的语言处理后,基于关键词匹配技术找出与问句相匹配的 FAQ 列表,它更像是一种文本检索系统。Winiwarter[74] 利用人工智能的相关技术实现了一个自然语言接口的问答系统,系统利用机器学习技术对以往的用户问句进行语法、语义、语用分析,继而建立 FAQ 的 XSE(eXtended Semantic Enumeration)树,在 QA 过程中对用户问句进行同样的分析,并将之与 FAQs 相匹配。Lin[75]指出基于模板的 QA 系统之所以十分有效,是因为用户问句的分布近似地服从 Zipf 法则,即大部分问句只与问题类型集合中的一小部分相对应；他用曲线图展示了问题类型的数目与所匹配的问句数目的关系，统计结果表明，在 TREC-2001 问题集合中，50 个问题类型就匹配了超过 45% 的问题；他提出了一种集中式与分布式方法相结合的在线的网络 QA 系统，其中集中式方法使用少量的问题模板覆盖了很多网上数据库，信息检索是其分布式方法所用的主要技术。START[76] 是全世界第一个基于 Web 的问答系统，它是由 MIT 人工智能实验室的 Boris Katz 在 1993 年开发出来的，系统利用形式化的知识库标注出机器可分析的自然语言句子，并分别在词层次（包括同义词、上下位关系等）和结构层次（如动词的论元规则）上匹配新问句，当问句与事先标注的问句匹配时，依据相关标签返回答案。Ask Jeeves[77] 是一个商业问答系统，聊天机器人将问句模板组织成一个树状结构，依此可以记住上一次调用的问题模板及用户，使得系统可以维护一个类似于人与人之间的对话。Sneiders[67] 提出了使用带有实体概念槽的问题模板与用户问句相匹配，通过概念槽匹配问句中的实体，实现与数据库中的概念模型相匹配；其将问题模板看作带有固定参数及变量的断言（谓词）；模板与用户问句匹配的过程就是模板中固定参数与问句相符，且问句中的实体在数据库中的类别符合变量的限制，使得断言为真的过程。

国内关于受限领域的研究逐步增多。余正涛等[78] 提出了一种受限领域 FAQ 问答系统模型，借助于本体论的思想，构建了领域知识库，在此基础上提出了一种问句相似度的计算方法；此方法借助领域问句所具有的特点，结合问句中的词法关系、句法依存关系及领域概念关系，实现问句相似度计算；然后以相似度计算为基础，从候选问题集中检索相关问句，提取问题答案。秦兵等[68] 利用知网（HowNet）作为系统的语义知识资源，计算句子语义相似度，在候选问题集中找到相似的问句，并将答案反馈给用户。Yang 等[79] 提出了一个基于知识本体的查询模板及对用户建模的界面代理技术,界面代理充当 FAQ 系统的辅助者,用以获取个人电脑领域的 FAQs,使用包括用户建模、领域知识本体、查询模板相关的语言处理等技术。

2.3　领域本体

在人工智能领域中,本体和知识表示密切相关,是一种"形式化的对于共享概念体系的明确而又详细的说明"。在智能系统中,它被看作支持知识共享与重用的重要工具。领域本体(Domain Ontology)所建模的是某个特定领域,或者现实世界的一部分。领域本体所表达的是那些适合于该领域的术语的特殊含义。

【定义 2.1】　领域本体用一个三元组表示,$O = (N, E, M)$,也可将其看作一个有向无环图(DAG),其中:

① N:有向图中的节点集合。

图中的节点包括所有的领域相关概念、语义文法中的非终结符等;在本体中,节点包括如下几种类型或其组合:

a. 关键概念 vs. 辅助概念。关键概念类型的节点是指领域相关的实体概念,而辅助概念是指在构造文法时,对一些词或短语所建立的一些有用的分组,这些分组中的词或者具有相同的句法层次上的作用(如非终结符 <疑问词> 可重写为如下的短语或词:"如何,怎么,怎么办……"),或者在当前处理领域中具有某种程度上的语义等价性(如非终结符 <删除词类> 可重写为"删除,删掉,关掉,关……")。要注意的是,关键概念与辅助概念两种类型在文法规则中可以交错引用,即辅助概念类型的非终结符可出现在 LHS(LHS 是指规则的头部分,下同)为辅助概念类型非终结符的 RHS(RHS 是指规则的体部分,下同)中。区分这两种类型节点的作用是,在生成解析树后,生成的语义表示只依赖于关键概念。在文法规则中,通常会使用特殊的格式区分这两种类型,比如,本书在关键概念类型的非终结符前加上"_"前缀,而辅助概念类型则没有这一前缀,如关键概念"_业务名称",辅助概念"疑问词"。

b. 顶层节点 vs. 非顶层节点。顶层节点是指那些作为文法开始符的非终结符,而非顶层节点则是指除了顶层节点之外的其他非终结符。区分这两种类型节点的作用是,在文法扩展学习中,顶层节点将作为预测类型,而非顶层节点则不是。

c. pre-NT vs. pre-T vs Mixed。在所有规则中,如果一个非终结符 A 的所有子节点(即出现在以 A 为 LHS 的规则的 RHS 中)都是非终结符,或者出现的终结符都是"可选",则非终结符 A 的类型为 pre-NT;如果一个非终结符 A 的所有子节点(即出现在以 A 为 LHS 的规则的 RHS 中)都是终结符,或者出现的非终结符都是"可选",则非终结符 A 的类型为 pre-T;其他非终结符类型设为 Mixed。区分这几种类型节点的作用是,在文法扩展学习过程中,pre-NT 不能直接作为终结符的父节点,需要在两者之间插入一个 pre-T 或 Mixed 类型的非终结符。

② E:表示节点之间的有向边的集合,$E \subseteq N \times N$。

③ M:表示一个映射函数,$M: E \to S_M$,其中 $S_M = \{ISA, REQ, OPT\}$。

a. ISA 表示 N 中节点间的上下位关系。ISA 关系是指本体中概念之间的上下位关系。特定性较强的概念叫作概括性较强的概念的下位(Hyponym),概括性较强的概念叫作特定性较强的概念的上位(Hypernym)。比如,"水果"是"苹果"的上位;相反,"苹果"是"水果"的下位,即"苹果"ISA"水果"。ISA 关系主要在文法扩展学习中的垂直概化时使用。若一个节点存在多个 ISA 关系的父节点,在垂直概化时,由于有概化歧义,则不会对其进行概化。

b. REQ 表示 N 中节点在语义文法中的"总是必须"关系。若某非终结符 A 总是作为必选成分出现在另一个 LHS 为非终结符 B 的所对应的规则的 RHS 中,则建立非终结符 A 到非终结符 B 的有向边,并且标记边的关系类型为 REQ。

c. OPT 表示 N 中节点在语义文法中的"总是可选"关系。若某非终结符 A 总是作为可选成分出现在另一个 LHS 为非终结符 B 的所对应的规则的 RHS 中,则建立非终结符 A 到非终结符 B 的有向边,并且标记边的关系类型为 OPT。

初始时,领域本体通过手工进行设计,关系仅包括上下位关系(ISA);在核心语义文法设计完成后,依据核心语义文法建立图中节点之间的有向边(即关系)。对于任意两个非终结符 A 和 B,若要建立一条从 B 到 A 的有向边,则 A 必须作为一条规则的 LHS 出现,且 B 出现在同一条规则的 RHS 中。关系 REQ 和 OPT 是依据语义文法规则抽取出来的,这两种关系主要是在文法扩展学习中的平行概化时使用。

本体作为语义文法的"骨架",在文法扩展学习时,领域本体将是对现有文法进行扩展学习的重要"知识源"。

同时,在具体应用时,我们一般还需建立一个"问题本体"(Problem Ontology)用于处理用户问题。问题本体刻画了用户查询意图的语义分类,语义文法中的开始符与查询意图相对应。问题本体本质上对应着用户查询意图的分类体系,本体的上层对应着对查询问题意图的粗分类,而本体的下层则对应着对查询问题意图的细分类。问题本体中的节点的粒度大小与具体的应用相关。比如,一般可以将问题本体分为三层,第一层包括所有的问题集合;第二层是对问题的查询主题的分类,这是一个较粗的分类;第三层为问题查询意图的分类(也称作问题焦点),是在每一个主题下的细分类。

2.4 带约束语义文法

2.4.1 通用型带约束语义文法

Chomsky 根据文法的表达能力,将文法分为 0 型文法(短语文法)、1 型文法(上下文相关文法)、2 型文法(上下文无关文法)和 3 型文法(正规文法)四种类型。这四种文法类型的表达能力依次由强到弱。0 型文法的表达能力最强,可以表示所有的递归可枚举语言,并与图灵机等价。

从 Chomsky 形式语言分类的角度看,自然语言一般是上下文相关的。但是在实际应用中,人们通常选择上下文无关文法来分析和研究自然语言。这是因为上下文无关文法具有良好的代数性,便于计算,也便于在计算机上实现(上下文无关语言可以通过下推自动机 PDA 进行判别)。与自然语言相比,形式语言是抽象的,形式简单。因此,本书选择 2 型文法(上下文无关文法)作为通用型带约束语义文法的基本表示方式。

在给出语义文法的形式定义之前,先给出几个基础性概念的定义。

【定义 2.2】 (字符集)任何汉字、任何字母、任何标点、任何数字、任何制表符构成的文本形式的符号。

【定义 2.3】 (终结符)终结符(Terminal)有以下两种形式:

① 词条集:由词组成的有限集合,此处的词是指词典中的一个条目;

② 由字符集中的任意字符构成的字符串。

【定义 2.4】 (语义类)语义类(Semantic Class)是某个论域中两个或以上词义相同或相近的词所构成的有限集合。语义类与领域本体中的概念相对应。

例如,在金融领域,开通、办理、申请等词表达的意思相近,因此我们定义一个词类,称为办理词类,即办理词类 = {开通,办理,申请}。

【定义 2.5】　(文法约束)文法约束(Constraint)是一种逻辑表达式。为了便于文法分析和文法学习,我们提出了一种有限的约束形式,采用析取范式(DNF)表示。其 DNF 表示如下:

$<constraints> ::= <and\text{-}constraints>$

　　$| <and\text{-}constraints> \bigvee <constraints>$

$<and\text{-}constraints> ::= <constraint>$

　　$| <constraint> \bigwedge <and\text{-}constraints>$

$<constraint> ::= streq(<s0> , <s1> , <s2>)$

　　$| not\text{-}streq(<s0> , <s1> , <s2>)$

　　$| contain(<s0> , <s1> , <s2>)$

　　$| not\text{-}contain(<s0> , <s1> , <s2>)$

　　$| begin\text{-}with(<s0> , <s1> , <s2>)$

　　$| not\text{-}begin\text{-}with(<s0> , <s1> , <s2>)$

　　$| end\text{-}with(<s0> , <s1> , <s2>)$

　　$| not\text{-}end\text{-}with(<s0> , <s1> , <s2>)$

　　$| leneq(<s> , <n>)$

　　$| lengt(<s> , <n>)$

　　$| lenlt(<s> , <n>)$

　　$| followed\text{-}by(<s1> , <s2>)$

　　$| immediately\text{-}followed\text{-}by(<s0> , <s1> , <s2>)$

　　$| not\text{-}followed\text{-}by(<s0> , <s1> , <s2>)$

　　$| not\text{-}immediately\text{-}followed\text{-}by(<s0> , <s1> , <s2>)$

　　$| preceded\text{-}by(<s0> , <s1> , <s2>)$

　　$| immediately\text{-}preceded\text{-}by(<s0> , <s1> , <s2>)$

　　$| not\text{-}preceded\text{-}by(<s0> , <s1> , <s2>)$

　　$| not\text{-}immediately\text{-}preceded\text{-}by(<s0> , <s1> , <s2>)$

　　$| pos(<s1> , <pos\text{-}seq>)$

$$| \ not\text{-}pos(\ <s1> \ , \ <pos\text{-}seq> \ )$$
$$| \ isa \ (\ <s1> \ , \ <s2> \ )$$
$$| \ not\text{-}isa(\ <s1> \ , \ <s2> \ )$$
$$<n> ::= <number>$$
$$| plus(\ <n> \ , \ <n> \ )$$
$$| minus(\ <n> \ , \ <n> \ )$$
$$| multi(\ <n> \ , \ <n> \ )$$
$$| div(\ <n> \ , \ <n> \ )$$
$$| power(\ <n> \ , \ <n> \ )$$
$$| root(\ <n> \ , \ <n> \ )$$
$$| ...$$
$$<s> ::= <string>$$
$$| <string\text{-}function>$$
$$<s1> ::= <string>$$
$$| <string\text{-}function>$$
$$<s2> ::= <string>$$
$$| <string\text{-}function>$$
$$<pos\text{-}seq> ::= <pos\text{-}tag>$$
$$| <pos\text{-}tag> \ '|' \ <pos\text{-}seq>$$
$$<string\text{-}function> ::= strcat(\ <string1> \ , \ <string2> \ )$$
$$| strrep(\ <string1> \ , \ <string2> \ , \ <string3> \ )$$

其中,

① $<pos\text{-}tag>$ 参见"附件 A 汉语词性标注集"。

② 谓词 $streq(\ <s0> \ , \ <s1> \ , \ <s2> \ )$ 表示在 $<$ 参数 0 $>$ 所代表的句子中,比较 $<$ 参数 1 $>$, $<$ 参数 2 $>$ 是否相等。相等,返回 $true$;否则返回 $false$。

③ 谓词 $not\text{-}streq(\ <s0> \ , \ <s1> \ , \ <s2> \ )$ 表示在 $<$ 参数 0 $>$ 所代表的句子中,比较 $<$ 参数 1 $>$, $<$ 参数 2 $>$ 是否相等。不相等,返回 $true$;否则返回 $false$。其他谓词的含义比较直观,在此不再解释。

④ $strrep(\ <string1> \ , \ <string2> \ , \ <string3> \ )$ 表示在 $<string1>$

中将 $<string2>$ 的所有出现替换为 $<string3>$。

⑤ $strcat(<string1>,<string2>)$ 表示将 $<string1>$ 和 $<string2>$ 进行拼接。

由于汉语是一种意合型语言，句子中的某些成分通常可以出现在句子的多个位置，而这些句子含义却变化不大，为了处理这种现象，本书还引入了一种特殊的约束，称为匹配控制约束。其形式为

$$control(<s1>,<control\text{-}str>)$$

其中，$<s1>$ 表示某条规则，$<control\text{-}str>$ 可以是"有序匹配"，也可以是"无序匹配"。无序型规则的 RHS 在归结成 LHS 时，其中的任意两个成分 Y_i 与 Y_{i+1} 在匹配句子片段时，两者的出现顺序任意，带有这种约束的规则类似于词袋模型（Bag-of-words），它对于某些理解口语性质的对话是必要的，因为人们通常可以使用相同的词但完全不同的词序表达相同或相近的意图；反之，有序型规则在匹配时，要严格按照 RHS 中各项的书写顺序匹配句子中的成分。

【定义 2.6】 （基本型非终结符、带标号的非终结符）基本型非终结符（Basic Non-terminal）即为一般文法中的非终结符，如 N，V，NP，VP 等。在本书中，非终结符由 ASCII 英文字母、数字和连字符组成。带标号的非终结符为形如 $<$标号$>$：$<$基本型非终结符$>$ 的符号串，它用于对文法产生式中的同一基本型非终结符的多次出现进行区分。

例如，在以下产生式 $NP{\to}ADJ\ N\mid N\ N$ 中出现多个 N，我们可以采用以下形式将其中的 N 进行区分：

$$NP{\to}ADJ\quad 1:N$$
$$\mid 2:N\quad 3:N$$

【定义 2.7】 （通配型非终结符）通配型非终结符（ANY）简称通配符，是一种特殊的非终结符，可用于匹配任何终结符。

通配符具有强大的匹配能力,如果不对其进行限制,那么将在文法解析过程中产生大量的歧义,所以需要对其匹配进行适当的限制。定义 2.5 中的文法约束主要用来对通配型非终结符的匹配进行"监管",即检查通配符的匹配成分是否满足文法约束限制,若匹配成分不能满足约束限制,那么规则匹配失败。当然,文法约束不仅仅用作对通配符的约束,还可以对其他一些非终结符如基本型非终结符等进行限制。

【定义 2.8】 (确定型产生式规则的表示)确定型产生式规则表示形式如下:

$<production> ::= <head> \rightarrow <body> [<constraints> ; <control\text{-}constraint>]$

$<head> ::= <non\text{-}terminal>$

$<body> ::= <non\text{-}terminal>$

$\qquad | <terminal>$

$\qquad | <non\text{-}terminal> <body>$

$\qquad | <terminal> <body>$

$\qquad | '[' <non\text{-}terminal> ']' <body>$

$\qquad\qquad\qquad$ //"[ ]"表示"可选",其他默认为"必选"

$<non\text{-}terminal> ::= <semantic\ class>$

$\qquad\qquad | <Intent\text{-}non\text{-}terminal>$

$\qquad\qquad | <basic\ non\text{-}terminal>$

$\qquad\qquad | <ANY>$ $\qquad\qquad$ //通配型非终结符

$<semantic\ class> ::= <Principal\text{-}concept>$ $\quad$ //本体中的"关键概念"

$\qquad\qquad\qquad | <Auxiliary\text{-}concept>$ $\quad$ //本体中的"辅助概念"

$<Intent\text{-}non\text{-}terminal> ::= "BUY\text{-}TICKETS" | "QUERY\text{-}FOR\text{-}TRAFFIC" | ...$

其中,$<Intent\text{-}non\text{-}terminal>$ 表示问题本体中的叶子节点,刻画了用户查询意图的语义分类。

下文中,在不导致混淆的前提下,我们有时采用 Head→Body 表示产生式,而忽略其后的限制。

【定义 2.9】 (语义文法)语义文法 G 为一个四元组 $G = (V_T,$

V_{NT}, S, R),其中:

① V_T:语义文法中的<u>终结符</u>(Terminals);

② V_{NT}:语义文法中的<u>非终结符</u>(Non-terminals)。注意,语义文法中的非终结符包括两类不交的非终结符结合,即 $V_{NT} = V_N \cup V_w$ 且 $V_N \cap V_w = \phi$,其中

● V_N:包括基本型非终结符集及本体中的关键概念、辅助概念等。

● V_w:通配型非终结符集。

③ S:表示语义文法的开始符集合 $S = \{S_1, \cdots, S_n\}$。本书的语义文法与问题本体中的概念相对应,开始符体现了对查询句子的语意分类(如用户查询的"查询意图"分类),领域语意通常与某一领域事件类型相对应。

④ R:语义文法中的确定型产生式集合。

【定义 2.10】 (产生式的简洁表示)为了便于产生式的编辑,根据定义 2.5 和定义 2.8,我们给出一种文法产生式的简洁的一般表示形式,将下面的形式:

$$< head > \rightarrow < body > \big[< constraints > ; < control\text{-}constraint > \big]$$

等价地改写成如下形式:

$$Body@ head@ control\text{-}constraint@ constraints$$

其中,control-constraint 为 Body 中的终结符、非终结符的匹配控制;constraints 为产生式的约束;当 constraints 不出现时,用 NULL 代替。

在规则的约束条件中,可以引入包括词汇级(词汇依存)、语义级(语义依存)等在内的各种约束,从而弥补传统 PCFG 的上下文无关的不足。

由上述关于通用型带约束语义文法的定义中可以看出,此种语义文法中的规则本质上是 CFG 形式的。一般来说,规则的嵌套层次会较多。而在附加了语义信息后,文法规则数量会急剧上升,基于传统的 CFG 解析算法的效率则会急剧下降。而本书的应用是

面向领域的自动问答,要求系统具有较高的效率和实时性。目前,传统的文法解析算法构造的解析器是很难满足要求的,需要开发出更高效的文法解析算法。

为了应对目前这一"尴尬"的局面,本书对语义文法规则进行了限制:限制规则的嵌套层次不大于某个设定阈值N(比如$N=3$),即将语义文法进行"扁平化"处理,扁平化后的语义文法的优点包括:① 由于对规则的嵌套层次进行了限制,使得文法规则的可读性强,在设计文法时易于发现问题;② 扁平型语义文法的解析器的实现较简单,由于不需要多层的嵌套调用,故效率较高;③ 扁平型语义文法的自动学习较容易。但其缺点也是显而易见的,即规则的可重用性较差,导致规则数量增多。由于语义文法一般是面向领域应用的,而面向领域应用的语义文法的规模一般较小,所以这一缺点带来的负面影响会相对较小。

2.4.2　扁平型语义文法

我们在上一节所定义的通用型带约束语义文法基础上增加了其他一些功能,使得语义文法在自然语言理解过程中能够消除更多的解析歧义。在给出扁平型语义文法的定义之前,先给出下面几个基本假设和定义。

【假设2.1】　在特定的上下文环境中及特定的主题下,一个句子通常包括三类词,即主要词、次要词、冗余词。

以问句"我想问一下如何开通彩铃啊?"为例,分别阐述几类词的含义:

【定义2.11】　(主要词)主要词定义为那些表述一个句子核心意思的词,是不可忽略的。比如上句中的"开通""彩铃"。

【定义2.12】　(次要词)次要词定义为那些有助于表达句子意思的词,当这些词被去掉时,并不会影响句子所要表达的核心意思。比如上句中的"如何"。

【定义2.13】　（冗余词）冗余词定义为那些对表达句子意思没有影响的词，如代词、语气词等。比如上句中的"我""想""问一下""啊"等。

【假设2.2】　可由相同的主要词及次要词刻画的两个句子，其表达的意思应该也是大致相同的。此假设是本书的语义文法解析算法的基本思想。

扁平型语义文法的形式化定义如下：

$< ST >::= <STBody>\ '@\ '<Head>"@"<Control\text{-}Constraint>"@"<Constraint>$

$\qquad |\ <STBody>\ '@\ '<Head>"@"<Control\text{-}Constraint>"@"$

$\qquad\qquad <Constraint>"\#"<Semantic\ Action>$

$<STBody>::=<Required\ section>\ |\ <Required\ section>$

$\qquad\qquad "\$"\{\ <Required\ section>\}"\$"\ \{\ <Optional\ section>\}$

$\qquad\qquad "\$"\{\ <Forbbiden\ section>\}$

$<Semantic\ Action>::=<Action\ name>"("<list\ of\ parameters>")"$

$<Action\ name>::="GenAnswer"|...$

$<list\ of\ parameters>::="?\ C1","?\ C2",...$

$<Head>::=<Non\text{-}terminal>$

$\qquad\qquad |<Intent\text{-}non\text{-}terminal>$

$<Intent\text{-}non\text{-}terminal>::="opening\ method"|"cancelling\ method"|...$

$\qquad\qquad\qquad\qquad\qquad\qquad$ //from problem Ontology

$<Non\text{-}terminal>::=<semantic\ class>$　　　//from domain Ontology

$\qquad\qquad |<basic\ non\text{-}terminal>$

$\qquad\qquad |<ANY>$　　　　　　//通配符

$<semantic\ cass>::=<principal\ concept>|<Auxiliary\ concept>$

$<Required\ section>::="<"<section>">"$　　　//"必选"

$<Optional\ section>::="[\ <"<section>">\ ]"$　　　//"可选"

$<Forbbiden\ section>::="[\ \sim<"<section>">\ ]"$　　　//"禁止位"

$<section>::="!"<semantic\ class>|<list\ of\ words>$

$<list\ of\ words>::=<terminal>|<terminal>"|"<list\ of\ words>$

从上述定义可以看出，扁平型语义文法与通用型带约束语义文法的主要区别包括：

① 由于对文法规则限制了嵌套层次，所以在扁平型语义文法中，主要包括两种类型的规则：

a. LHS 为顶层节点（即开始符）的文法规则，这类规则的 LHS 为"问题本体"中的节点所对应的非终结符，对应着规则的查询意图分类，也称作问题焦点。

b. LHS 为非顶层节点的文法规则，这类规则的 LHS 为普通语义类，包括领域本体中的关键概念和辅助概念。

② 语义动作的引入：语义动作的形式是一个函数，包括语义动作名和参数列表，语义动作只依附于上述第一类规则。依据语义文法对句子解析成功后，语义动作将依据解析树，对参数列表中的各项参数进行实例化，即将从句子中实际抽取的概念实体名赋予各个参数，根据不同的语义动作名，语义动作将施用于抽取出的概念实体。语义文法的语义动作可以随着应用的不同而做不同的解释。比如可以将语义动作解释为一个带变量的动态 SQL 查询语句，将抽取出的概念实体赋予 SQL 中的变量，并通过实例化的 SQL 语句到数据库中查询相应答案。下面是一个带变量 SQL 的示例：

Select answer from serviceFocusAnswer where service = ? C and focus = K

其中，? C 指的是待填充的概念实体；K 指的是句子的查询意图；serviceFocusAnswer 指的是查询的数据表名。

③ 禁止位的引入："～"表示其后面出现的部分为禁止位（Forbidden Position），引入禁止位的直观想法是，某些词或语义类的出现将与语义规则所表达的意思完全不相容。在实际系统中并不需要为每一条规则定义禁止位，只有当需要区分一些由相同的必选项组成的规则时，为了强调它们之间的不同点，才需要列出规则的禁止位。

语义文法的构造与领域建模密切相关。领域建模过程包括抽取领域中的概念(C)、属性(A)、关系(R)及各种限制(公理),只有将某个领域用形式化的概念模型描述后,才是计算机可处理的。用户对某个领域的提问就涉及概念模型中的各个元素(概念、概念属性、概念之间的关系等),语义文法的作用就是将用户问句中的概念、属性、关系与领域概念模型中的对应元素相匹配。语义文法与领域的概念模型有一一对应关系。语义文法中的关键概念与领域模型中的概念相对应,而文法规则则描述了概念的属性或概念与概念之间的关系。因此,语义文法可以与一个结构化的数据库相关联,如关系型数据库。图 2.1 是语义文法规则与概念模型片断的一个对应关系。

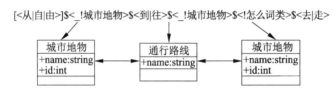

图 2.1　文法与概念模型片断对应关系示例

2.5　语义文法的解析算法

为了提高系统的匹配效率,系统为语义文法规则集合建立了倒排索引,即由组成文法规则的词或语义类来索引规则。同时,根据假设 2.2,系统只对文法规则中的必须词位上的词类或词建立索引。这样的好处是,在解析过程中大大减少了候选规则的数量,提高了系统解析效率。图 2.2 给出了语义文法解析算法的伪代码描述:

算法的输入为全部分词形成的有序的词集合 QWs。系统根据领域词典对句子 Q 进行分词,查找知识库,给分词成分标注相应的语义类型,$QWs[i]$ 用三元组表示为 $(i, 词, 类型 1|\cdots|类型 n)$,i 表

示第 i 个分词成分,三元组的第三项表示词项的语义类型列表。

Algorithm Semantic Template Matching (STM) algorithm

Input: orderly word sequence of question: QWs, $topn$

Output: $topn$ query focuses in the problem ontology:

$ListFocus$

Begin

(1) Remove redundant words from QWs based on redundancy dictionary, the result is $CQWs$;

(2)　**For** $i = 1$ **to** $length(CQWs)$ **do**

(3)　　Use words or word classes in $CQWs[i]$ to select templates from template collection indexed by words and word classes, temporary template collection is: $WPs_{CQWs[i]}$;

(4)　　**For** $j = 1$ **to** $length(WPs_{CQWs[i]})$ **do**

(5)　　　Call **QTM_Filter** ($CQWs$, $WPs_{CQWs[j]}$), **if** $true$ is returned, add $WPs_{CQWs[i]}$ to candidate template collection $WPCands$; **else continue**;

(6)　　**End**:

(7)　**End**;

(8)　**For** $k = 1$ **to** $length(WPCands)$ **do**

(9)　　Call **MatchScore**($WPCands[k]$, $CQWs$), insert query focus corresponding to $WPCands[k]$ into $ListFocus$ orderly according to match score value;

(10)　**End**;

(11) **If** $length(ListFocus) > topn$, **then return** $topn$ query focuses, **else return** all in $ListFocus$.

(12) **End**.

End.

图 2.2　语义文法解析 STM 算法

算法的输出为句子的所有解析树所对应的顶层节点列表,按照解析树得分的高低,输出前 topn 个。可根据不同的应用,调整 topn 的大小。

在上述解析过程中,步骤(5)为语义文法规则过滤子过程,其根据文法规则中的各词位的性质、规则匹配控制限制、文法规则的约束等,判别语义文法与句子或句子的子串匹配是否合法。图 2.3 给出了语义规则过滤算法的伪代码描述。

Algorithm Semantic Template Matching Filter（STM_Filter）algorithm

---

Input：有序分词集合 $CQWs$，规则 WP

Output：$true$（$CQWs$ 与规则匹配成功），$false$（$CQWs$ 与规则匹配失败）

Var：

Int M；　　　　　　　　　　　　//用来记录匹配上的必须词数目

Array [ ] pose；　　　　　　　　　//用来存放匹配的位置

Begin

（1）If($contain\_forbidden(WP)$)　　　//若规则中包含有禁止词位

（2）for $i = 1$ to $length(forbidden WP)$　　//$forbidden WP$ 指规则 WP 中的禁止词位集合

（3）　for $j = 1$ to $length(CQWs)$

（4）　　　If($forbidden WP[i] = CQWs[j]. Word \parallel contains(forbidden WP [i], CQWs[j].$ $WordClass)$)

（5）　　　Return $false$；

（6）　End

（7）End；

（8）for $i = 1$ to $length(required WP)$　　　// $required WP$ 指规则 WP 中的必须词位集合

（9）　for $j = 1$ to $length(CQWs)$

（10）　　　If($required WP[i] = CQWs[j]. Word \parallel contain(required WP[i] CQWs[j]. WordClass)$)

（11）　　　｛

（12）　　　Remove $CQWs[j]$ from $CQWs$；

（13）　　　Set $pose[i] = j$；

（14）　　　$M + +$；

（15）　　　｝

（16）　　End

（17）End；

（18）If $M < length(required WP)$　　　　//规则中的必须词位未找到对应成分

（19）　Return $false$；

（20）If（ $checkSemanticConstraint( ) == false$)　//若语义约束检查失败

（21）　　Return $false$；

（22）If（ WP' s control num is 1) then　　//规则要求有序匹配

（23）If（elements of Array pose is increasing)　//规则成分所匹配的分词成分位置为递增

（24）　Return $true$；

（25）else

（26）　Return $false$；

（27）else

（28）　Return $true$；

End.

图 2.3　语义规则过滤算法

即使经过规则过滤,一个句子还是可能会生成多棵解析树,那么怎样从中挑选出最佳的一棵解析树呢?方法是通过引入匹配度计算模型(即图 2.2 中 STM 算法中的步骤(9)),计算解析树的得分,并依此对解析树进行排序。

在匹配度计算模型中,考虑了以下几个特征:

【特征 2.1】 规则匹配词分布密度

组成规则的词或语义类所匹配的成分在句子中的分布越紧密,词之间的相互作用就越强,与规则匹配上时产生的歧义性就越小;而当分布密度越小,组成规则的词之间相隔较远时,产生歧义的可能性就越大。规则匹配词在句子中的分布密度的定义如下:

$$W_{wp,CQWs_Q} = \cfrac{1}{\sum\limits_{i=2}^{m}(WPos_i - WPos_{i-1}) + \varepsilon} \tag{2-1}$$

式中,wp 表示文法规则;$CQWs_Q$ 表示句子 Q 所对应的分词集合;m 表示规则 wp 与句子 Q 匹配的词数;$WPos_i$ 表示规则 wp 所匹配的第 i 个词在句子 Q 中的位置。ε 是为了防止分母等于 0 所设的一个很小的数。

引入规则匹配词分布密度可有效避免下列匹配歧义:句子与规则相匹配,但由于规则匹配词在句子中分布较散,因而句子所表达的意思与规则所表达的意思不符。如下例:

(R1)[<!为什么词类>]$<!开通词类>$<_!业务名>$<!失败词类>@业务开通失败原因

(Q1)我 为什么 开通 彩铃 失败 了?[①]

(Q2)我一个月前 开通 了 GPRS,可昨天想停用时却告知我关闭 失败 ,是怎么回事?

上述两个句子 Q1 和 Q2 都可以与规则 R1 匹配,但由于规则所

---

① 句子中的仿宋字体部分为与规则相匹配的成分。

匹配词在句子 Q1 中的分布密度大于其在 Q2 中的分布密度,即规则词分布密度 $W_{wp,Q1} > W_{wp,Q2}$,因而我们认为句子 Q1 较句子 Q2 来说,与语义规则 R1 更为匹配。

【特征 2.2】　规则历史匹配准确率

系统中的核心文法库是由人工构造而成,规则质量参差不齐,同时随着系统的不断演进,原先构造的规则会有不符合当前要求的情形。所以,在匹配规则时,要考虑规则匹配的历史准确率,若某个规则的历史匹配准确率越高,则有理由相信此规则的匹配歧义越低;反之则相反。规则历史匹配准确率定义如下:

$$HPre_{wp_i} = \frac{HCorrectNUM(wp_i)}{HAllMatchNUM(wp_i)} \qquad (2\text{-}2)$$

式中,$HAllMatchNUM(wp_i)$ 表示历史记录中规则 wp_i 匹配的句子总数;$HCorrectNUM(wp_i)$ 表示历史记录中规则 wp_i 匹配正确的句子总数。对于历史匹配准确率低于设定阈值的规则,系统会提醒规则编辑人员修改或删除规则。

【特征 2.3】　匹配相关度

句子与规则相匹配的成分所计算出来的分值体现了两者的匹配相关程度,若相关度越高,句子与规则匹配的可能性越大。规则 wp 与句子(用其分词 $CQWs$ 表示)匹配相关度的公式为

$$
\begin{aligned}
relativeness_{wp_i,CQWs} &= \sum_{t \in Matched_{wp_i,CQWs}} Idf_t \times |t| \times \alpha \\
&= \sum_{t \in Matched_{wp_i,CQWs}} \log(N/n_t) \times |t| \times \alpha \qquad (2\text{-}3)
\end{aligned}
$$

词或词类的 Idf 值从一个方面反映了该词或词类的重要程度,通常越低频的词,即只出现在少数的规则中,其 Idf 值越大,该词或词类所含有的信息量就越多,这个词或词类也就越重要。在规则匹配度计算模型中,以词或词类在规则集合中的 Idf 值作为其权重。在式(2-3)中,$Matched_{wp_i,CQWs}$ 表示规则 wp_i 与问句分词 $CQWs$ 匹配的词位集合;$t \in wp_i$,$|t|$ 表示 wp_i 匹配项所对应的词的长度;n_t 表

示词或词类 t 索引到的规则总数；N 表示系统中的规则总数；α 为词位的匹配权重，若 $t \in required_{wp_i}$ 则取 $\alpha = 1$，若 $t \in optional_{wp_i}$ 则取 $\alpha = 0.5$，这一取值为经验值，体现了不同性质词位的重要程度，实验结果表明此取值最佳。$required_{wp_i}$ 表示规则 wp_i 的必选词位集合，$optional_{wp_i}$ 表示规则 wp_i 的可选词位集合，下同。

【特征 2.4】 匹配不相关度

未被解析树所覆盖的句子的成分所计算出来的分值作为解析树与句子的不相关度，若不相关度越大，句子与解析树相匹配的可能性越小。解析树 T 与句子（用其分词 $CQWs$ 表示）匹配不相关度的公式如下：

$$
\begin{aligned}
irrelativeness_{T,CQWs} &= \sum_{s \in NoMactched_{T,CQWs}} Idf_s \times |s| \\
&= \sum_{s \in NoMatched_{T,CQWs}} \log(N/n_s) \times |s|
\end{aligned} \tag{2-4}
$$

式中，T 表示解析树；$NoMactched_{T,CQWs}$ 表示 $CQWs$ 中未被解析树覆盖的词集合；$|s|$ 表示词的长度，$s \in CQWs$ 且 $s \notin T$。匹配不相关度考虑了句子中未能被解析树覆盖的成分对最终匹配结果的影响，其分值越大，表明在剩余成分中还有一些重要的词（特征词）未被匹配，此时解析树与句子匹配上的可能性越小。

最终的解析树与句子的匹配度将上述几个因素都考虑进来，加入了上述几个特征的最终的匹配度计算公式如下：

$$
MatchScore(CWQs, T) = \frac{M_{T,CWQs} \times \sum\limits_{wp_i \in T} relativeness_{wp_i,CQWs} \times W_{wp_i,CWQs} \times HPre_{wp_i}}{irrelativeness_{T,CQWs}}
$$

$$\tag{2-5}$$

式中，T 表示句子的解析树；$W_{wp_i,CWQs}$ 表示 $CWQs$ 与规则 wp_i 匹配的规则词分布密度；$HPre_{wp_i}$ 表示规则 wp_i 的历史匹配准确率；$M_{T,CWQs}$ 表示 $CWQs$ 与解析树匹配的词数，本书认为解析树覆盖句子的词数越多，两者意思相近的可能性越大，故将这一特征也纳入匹配度计算模型中。

2.6　基于本体和语义文法的 QA 系统构建流程

图 2.4 所示为构建基于本体和带约束语义文法的 QA 系统（Ontology and Semantic Grammar based Question Answering System, OSG-QAs）的整体流程。

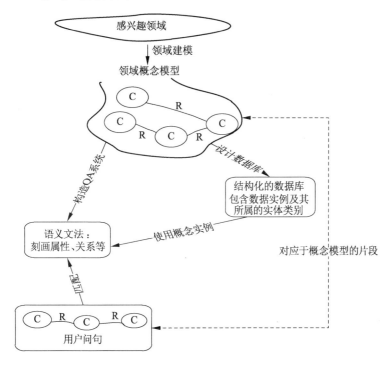

C—概念；R—概念之间的关系

图 2.4　OSG-QAs 系统构建流程

具体来说，首先需要分析系统所涉及的领域，建立领域概念模型（包括领域本体、问题本体等），根据用户常问问题集合构造语义文法，并依据领域概念模型设计数据库模式以建立概念实例与实例类别的对应关系,在处理用户查询句子时,通过生成句子的解析树,实现将用户查询句子中所关心的概念、属性或概念间的关系与领域概念模型片断匹配,并依据匹配结果和语义动作的参数列表,实例化参数,然后从预先构造的数据库中查询答案并返回给用户。图 2.5 所示为 OSG-QAs 系统的总体处理流程。

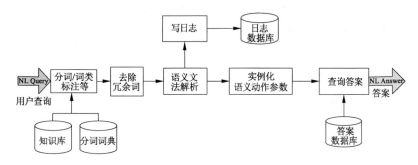

图 2.5　OSG-QAs 系统的总体处理流程

2.7　理解示例

为了更好地理解上述使用语义文法解析句子的过程,下面将以示例来描述其解析过程。假设用户的查询句子为

请问,怎么开通不了手机报纸?

按照 STM 算法,对句子依次进行分词、标注语义类、集外词(OOV)标为 0。再依据冗余词典,去除分词结果中的冗余词。冗余词典的构造与领域无关。冗余词典与信息检索领域的停用词表相似,是指一些文本中出现频率较高,但实际意义又不大的词,包括人称代词、副词、虚词、语气词等,如"请问""啊""呢"等。目前系统还将一些标点符号视作冗余词。经过冗余词处理后的结果如下所示:

怎么/怎么词类　开通/开通词类　不了/0　手机报纸/业务名

STM 算法将输出与句子相匹配的解析树。图 2.6 和图 2.7 分

别为句子的两棵解析树。

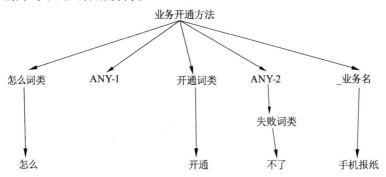

图 2.6　解析树示例 1

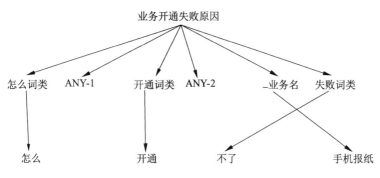

图 2.7　解析树示例 2

表 2.1 列出了两棵解析树涉及的两个顶层规则的描述。

表 2.1　解析树涉及的规则信息

ID	语义文法规则头（问题焦点）	语义文法规则体	语义动作	文法约束	匹配控制
R1	业务开通方法	［<!怎么词类>］$ <!开通词类> $ <_!业务名)>	GenAnswer（?C,业务名）	NULL	无序
R2	业务开通失败原因	［<!怎么词类>］$ ［<!开通词类>］$ <_!业务名)> $ <失败词类>	GenAnswer（?C,业务名）	NULL	无序

按照 STM 的匹配度计算模型,需要分别计算所有解析树的得分(计算过程略)。根据计算结果,图 2.7 和图 2.6 中的解析树得分相近。

在上面的例子中,若给表 2.1 中的规则 R1 增加如下的文法约束:

$$Contain(S, ANY\text{-}2, "失败词类") \rightarrow failParse(S)$$

其中,S 表示待解析的句子;ANY-2 表示文法规则中的第二个通配符,其中的“2”表示规则中通配符的相对位置。上述约束的含义是,若文法规则中的第二个通配符匹配了某个词或词类,并且为“失败词类”,那么这时的匹配不能成功。

在生成图 2.6 所示解析树的过程中,由于在匹配文法规则 R1 时违反了其文法约束,图 2.6 中的解析树就不会生成,因此候选解析树的数量减少了,从而能够提高算法的整体效率。

得到句子的解析树后,根据语义动作中的形式参数列表,抽取句子中对应的概念实例,并赋予形式参数。依据对语义动作的不同解释,对抽取的实例施行不同的操作。例如,可将语义文法中的语义动作函数 *GenAnswer* 解释为带变量的 *SQL* 语句,*SQL* 语句根据实例化的参数从数据库中查询答案。带变量的 *SQL* 语句为

Select answer from serviceFocusAnswer where service = ?C and focus = K

其中,*?C* 表示文法匹配待填入的概念槽实例名;*K* 为文法所描述的问题焦点;*serviceFocusAnswer* 为查询的数据表名。系统提取出语义概念“业务名”对应的实例,即“手机报纸”,并赋予语义动作的形式参数,最终形成如下的 *SQL* 语句:

Select answer from serviceFocusAnswer where service = 手机报纸 and focus = 业务开通方法

2.8 实验

为了验证上述方法的有效性,本章在两个领域进行了应用,分

别构造了面向金融领域的某银行业务信息问答系统和面向通信领域的业务信息问答系统,首先按照本体建模的一般原则及结合领域特点,分别建立了通信业务领域本体和银行业务领域本体,如图2.8 和图 2.9 所示(部分)。

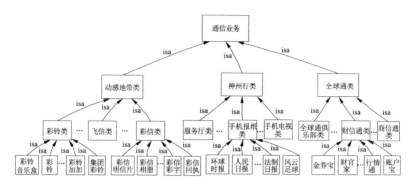

图 2.8　通信业务领域本体

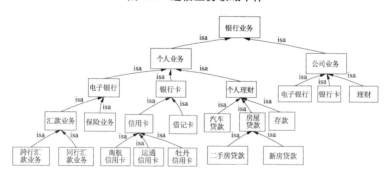

图 2.9　银行业务领域本体

从上述本体层次结构可以看到,业务相关的概念作为本体的类,业务(类)之间的父子关系作为"isa"关系,这种关系具有继承性,即子结点可继承父亲结点的相关属性。

另外,本书还建立了用以处理用户提问句子的问题本体。在这两个应用领域,本书均按照业务的生命周期,即业务的介绍、开通、故障、优惠、取消等来组织用户咨询,再在每一个业务的生命周期阶段做细分类。如"开通类"可再细分为开通方法、开通失败原因等(用"IO"表示 InstanceOf 关系)。两个应用领域的问题本体在中间层次上几乎是相同的,只是在本体的叶子节点上有区别。问题本体体现了用户问句语义和问题焦点的分类。由于篇幅所限,这里只给出了通信业务领域的问题本体,如图 2.10 所示。

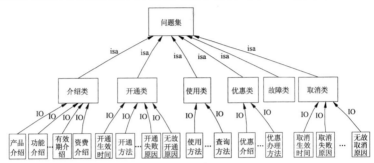

图 2.10　问题本体

用户在使用同一个概念或动作时,表述的方式多种多样。例如,用户在阐述业务开通动作时,意思相同或相近的词有办理、开通、办、打开、开等。系统通过建立同义词类来建立词与词之间的语义联系,这种语义联系也称为浅层的词汇语义(Shallow Lexical Semantics),因为这些联系是直接建立在词与词之间的。在语义文法的设计过程中,引用已定义的同义词词类名称,相当于使用了同义词词类中的所有同义词。对于某一个词项来说,可能会属于多个词类,即词的多义现象。同义词类的设计方式体现了面向对象的思想,即一处定义、多处使用,这样大大降低了系统的冗余度。

根据设计的领域本体,领域专家设计相应的核心语义文法。

2.8.1　测试数据集描述

本章在两个应用领域中分别构造了测试数据,包括某银行的业务信息查询系统和某通信公司的产品及业务的信息查询系统。

其中,前者的领域概念较少,信息查询点较少,而后者是一个较大的领域,涉及的领域概念比较多,信息查询点较多。将本书的方法应用于不同规模的领域中,以检测方法的可扩展性(Scalability)。

数据集 1:BSC Data Set,数据集中的问题是关于某个银行的产品或业务的咨询,比如关于如何办理信用卡或汇款手续费等,这些问题都是真实用户提交到系统中的。我们从实际用户的提问日志中,随机抽取了 10000 个句子组成测试数据集。

数据集 2:MSC Data Set,数据集中的问题是关于某个通信公司的产品或业务的咨询,比如关于手机归属地查询或办理通信套餐业务等。我们也从实际用户的提问日志中,随机抽取了 10000 个句子组成测试数据集。

根据两个数据集所在领域,本章分别设计了领域本体及语义文法。在手工设计核心语义文法阶段,我们只是在设计的文法规则中加入了规则的匹配控制约束,而没有加入其他文法约束。主要原因是在文法规则数量较大时,一方面手工设计这些文法约束比较耗时耗力,另一方面手工设计的文法约束可能会出现矛盾和不一致的情况。我们会在第 5 章中利用自动文法约束学习方法为文法规则增加语义约束。

2.8.2 评测指标

本章采用精确率(Accuracy)、平均排序倒数(Mean Reciprocal Rank,MRR)及识别率(Recognition Rate)这三个指标来评价算法的性能。其中,精确率表示系统能够正确理解的问题数占所有测试问题数的比例,这里的"正确理解"是指在句子的所有分析结果中,得分排名第一的分析结果是正确无歧义的。公式如下:

$$Accuracy = \frac{\left| \{t \in T \mid rank(TA(t)) = 1, TA(t) \in trees(t)\} \right|}{|T|}$$

(2-6)

式中, T 表示测试语料; t 表示测试语料中的一个句子; $trees(t)$ 表示系统对句子 t 的所有解析结果, 按照解析树的得分高低进行排序; $TA(t)$ 表示句子 t 的正确的解析结果。

MRR 指标主要用于评价寻址类检索(Navigational Search)或问答系统(Question Answering)等, 这些系统往往只需要一个最相关的结果(如相关文档、问题答案), 对召回率不敏感, 而是更关注搜索引擎检索到的相关结果是否排在结果列表的前面。MRR 首先计算每一个查询的正确理解结果在所有分析结果中的位置的倒数, 然后对测试集中所有查询问题的这一数值求平均。公式如下所示:

$$MRR = \frac{1}{|T|} \cdot \sum_{t \in T} \frac{1}{rank(TA(t))} \tag{2-7}$$

式中, T 表示整个测试集; $TA(t)$ 表示句子 t 的正确的解析结果; $rank(TA(t))$ 用于计算查询问题 t 的正确分析结果在其所有分析结果中的排名。其定义如下:

$$rank(TA(t)) = \begin{cases} TA(t) \text{在所有结果中的排名} & \text{若 } TA(t) \neq NULL \\ \propto & \text{若 } TA(t) = NULL \end{cases}$$

$$\tag{2-8}$$

引入如上定义是因为, 若句子 t 无法理解或理解结果中没有正确的分析结果时会导致 $rank(TA(t)) = 0$, 故本章取了一个较大的数值(如令 $\propto \approx 10000$)来处理这种情况。

识别率是指所有能够被系统识别的句子数占总测试问句数的比例, 它反映了语义文法对领域知识的覆盖程度。定义公式为

$$recognition\ rate = \frac{|\{t \mid tree(t) \neq \varnothing \text{ and } t \in T\}|}{|T|} \tag{2-9}$$

式中, $tree(t) \neq \varnothing$ 表示句子 t 的解析结果不为空。

2.8.3 实验结果

本章共设置两组实验来测试算法的有效性。第一组实验测

试了算法在构造的数据集上的整体测试性能。表 2.2 列出了在
BSC 数据集和 MSC 数据集上的测试结果。

表 2.2　BSC 数据集和 MSC 数据集上的测试结果　　　%

应用领域	Accuracy	MRR	Recognition rate
BSC	86.2	93.5	94.7
MSC	82.4	91.6	92.8

从表 2.2 可以看出,算法在两个领域的测试集上均取得了较
高的准确率、MRR 值及识别率,其中,与规模较大的领域(MSC)相
比,算法在较小规模领域(BSC)上取得了相对较高的性能指标。
原因是在应用到较小规模领域时,领域本体及语义文法手工总结
较为全面,所以三项指标值均较高;而在应用到较大规模领域时,
语义文法手工总结不易全面,这些指标相对要低一些。

第二组实验对 STM 算法中的匹配度计算模型进行了测试。
比较测试了规则词分布密度特征、规则历史匹配准确率特征、匹
配词位数特征、匹配相关度、匹配不相关度对匹配度计算模型的
影响。表 2.3 和表 2.4 分别列出了在两个数据集上测试包含几
个特征所对应的系统准确率和 MRR 值。其中,Re 表示匹配相关
度(Relativeness),$IrRe$ 表示匹配不相关度(Irrelativeness),W 表示
规则词分布密度权值系数,M 表示匹配词位数特征,$HPre$ 表示规
则的历史匹配准确率特征。由于匹配度计算只影响系统匹配出
的答案次序,对是否有答案无影响,即对识别率无影响,故在
表 2.3 和表 2.4 中只列出了对应的准确率。从表 2.3 和表 2.4 可
以看出,综合考虑几个特征系数的匹配度计算模型取得了较高的
准确率。表 2.3 和表 2.4 中的 $Baseline$ 是指按照解析结果生成的
先后顺序,对解析结果进行排序,并从解析结果中任意选择一个
解析结果返回。

表2.3 多个特征系数对比结果(BSC 数据集) %

特征	Accuracy	MRR
Baseline	55.3	57.3
Re	77.3	85.0
Re/IrRe	81.0	87.4
(*Re/IrRe*) ∗ *M*	82.5	88.7
(*Re/IrRe*) ∗ *W* ∗ *M*	83.5	91.5
(*Re/IrRe*) ∗ *W* ∗ *M* ∗ *HPre*	86.2	93.5

表2.4 多个特征系数对比结果(MSC 数据集) %

特征	Accuracy	MRR
Baseline	52.3	54.4
Re	75.2	84.3
Re/IrRe	79.1	86.4
(*Re/IrRe*) ∗ *M*	80.3	87.8
(*Re/IrRe*) ∗ *W* ∗ *M*	81.8	90.3
(*Re/IrRe*) ∗ *W* ∗ *M* ∗ *HPre*	82.4	91.6

　　另外,为了提高问答系统的用户友好性,通常需要在回答准确率和系统实际回答的问题数占所有问题数的比例之间找到一个均衡点。系统能够回答用户的绝大多数问题,但回答的准确性很低,或者系统只能回答一小部分问题,但准确率比较高,这两种情形都是应该避免的。最好的情况是,系统能够回答较多部分的问题,并且准确率较高。系统对于一个问题是否给出答案取决于所估计的置信度大小(在本书中,解析树的匹配分值即系统对于答案的置信度):对于设定的置信度阈值,只有当问题所生成的解析树的最高得分大于设定阈值时,系统才会给出答案;反之,若匹配的解析树的分值都小于设定阈值,则系统对此问题不给出答案。一个合理的置信度阈值将在系统准确性和所回答问题数的比例之间取得一个平衡。对于较高的阈值,系统将更趋向于保守,只对较少的问题

给出答案,但准确性较高;反之,对于较低的阈值,系统将更趋向于开放,会回答大部分的问题,但准确性相对较低。图 2.11 所示为系统的准确性与回答问题数的比例之间的关系。

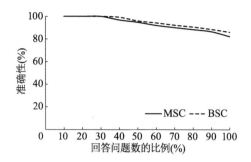

图 2.11　准确性与回答问题数的比例之间的关系

图 2.11 给出了准确性与回答问题数的比例之间的关系。曲线是通过给系统设置不同的置信度阈值得到的。从图 2.11 可以看出,随着阈值的提高,系统选择回答问题数的比例降低,系统的准确率也在提高。当回答问题数的比例在 40% 左右时,系统的准确率达到最高(100%)。图 2.11 说明本书给出的匹配度计算模型对于评价解析树与句子的匹配是有效的。

2.9　实验分析及讨论

通过对测试语料的统计分析,表 2.5 列出了测试句子集合的统计特征数据。本实验主要考察句子两方面的特征,即句子长度和句子的复杂程度。其中复杂程度是对问句所包含的问题焦点数目的度量。若句子只关心一个业务的某一个属性或关系,即可与 2.2 节所述问题本体中的问题焦点一一对应,称之为简单问句;大于一个问题焦点的则称为复杂问句,复杂问句的问题焦点通常是问题焦点的组合。

表2.5　测试语料统计分析数据　　　　　%

句子长度和复杂程度	约占比
长句(长度 > =30 个汉字)	20
短句(长度 <30 个汉字)	80
复杂问句(包含焦点数 >1)	15
简单问句(包含焦点数 =1)	81
无效问句(无意义句子)	4

从表2.5对测试语料的分析可知,语料中有不少长句(约占20%),长句中虽然包含了语义规则中所要求的词,但这些词在长句中的分布较散,可能已经与规则所要表达的意思相差甚远。通常这一类问句的规则词分布密度较小,在下一步的工作中可考虑设置分布密度阈值来避免这一类问句的错误匹配。

在语料中也有不少复杂问句(约15%)。用户经常会在一个问句中隐含多个问题焦点,如问句"请问彩铃怎么开通,以及如何收费啊?"中包含了两个问题焦点,即彩铃开通方法和彩铃收费方法。在这种情况下,系统无论返回其中的哪一个都不合适。此时,可通过返回多个问题焦点,并将其答案重新组合后反馈给用户。

另外,一个用户的连续的多个问题通常是相关的,若不考虑这些上下文信息,将导致错误结果。如有问句①"彩铃是如何开通的?"及②"它怎么收费啊?",若单独地去理解问句②是无意义的,必须联系用户的前一个问题才能准确地理解用户意图。目前,系统假设问句之间是不相关的,从而导致部分问句理解错误。

分词模块也对系统的准确率产生了一定影响。由于所处理领域的一些概念多为新词,其组词模式也多种多样,如有业务"手机停机",其为一个复合短语,在分词时很难确定是否要将"手机"与"停机"分开。再如对于句子"手机停机业务怎么办理?",需要将"手机停机"作为一个业务名看待;而对于句子"我手机停机了怎么办?",则需要将"手机停机"分开。

本书以 *Idf* 值作为词(类)的权重因子,但由于文法规则集合的不完备性,这导致基于其计算出来的权重有时不太准确,对于一些语义上比较重要的词其权重因子有时很小,对于一些不太重要但只在少数质量较差(即规则容易引起匹配歧义)的规则中使用的词或词类的权重因子反而会很高。下一步工作可考虑将规则的匹配准确率因子加入词(类)权重计算中。

2.10　本章小结

本章提出了一种面向领域的自然语言理解技术框架。首先,本章给出了一种通用的带约束的语义文法形式。为确保对此语义文法的解析效率和满足实时性要求,本章通过对通用的语义文法形式增加限制,提出了一种扁平型的语义文法形式,并给出了相应的语义文法解析算法。在此基础上,本章提出了一种基于领域本体和语义文法的自然语言理解方法。为了验证方法的有效性,将此方法应用到两个不同规模的应用领域的信息查询问答系统。实际运行结果表明,本书提出的方法切实有效,在规模较大和较小的领域系统理解准确率分别达到了 82.4% 和 86.2% ,MRR 值分别达到了 91.6% 和 93.5% 。

第 3 章　基于本体和语义文法的上下文相关问答

3.1　引言

近年来,上下文相关的问题回答(CQA)系统作为一种获取信息的新技术获得了越来越多的关注。正如一些学者指出[80,81],在用于与问答系统交互的过程中,单回合的提问方式往往不能满足用户的信息获取需求。用户通常要搜索一个特定的主题或事件,或解决一个具体的任务。在这种人机交互中,我们认为用户所提的问题都是与同一个主题相关的,所以用户在形成新问题时,可以重复使用部分上下文信息。几种比较常见的上下文现象包括省略(Ellipsis)、指代(Anaphora)、明确说明(Definite Descriptions)等[82,83]。

上下文现象的消解是交互式问答系统的一大挑战。为了能够消解上下文的现象,在人机交互的过程中,系统必须对用户的关注焦点进行跟踪记录,并且在适当的时候及适当的地方使用这些上下文信息。在本章中,我们构建了一个基于本体和语义文法的上下文相关问答系统(OSG-CQAs),这个系统是在上一章所描述的非上下文问答系统(OSG-QAs)基础之上建立的[84]。在构建OSG-QAs时,首先创建用本体描述的领域模型,以及通过抽象常见问题来设计语义文法,其中领域中的概念、属性和关系映射到领域本体。在处理用户查询句子时,通过生成句子的解析树,实现将用户查询句子中所关心的概念、属性或概念间的关系与领域概念模型片断匹配,并依据匹配结果和语义动作的参数列表实例化参数,并从预先构造的数据库中查询答案并返回给用户。

当领域相关的用户问题不能从 OSG-QAs 得到答案时,也就是说,用户问题没有生成任何解析树,那么在这种情况下,系统将认为这个问题极有可能是一个上文相关问题(也称为 Follow-up 问题),即该问题与用户已经提过的其他问题相关,在该问题中,用户重用了部分上文信息。

在 OSG-QAs 中,问题没有生成任何解析树的原因主要有两个:第一,用户的当前问题是领域相关的,但没有被已有的语义文法所覆盖;第二,用户的问题中省略或遗漏了部分信息,而这些信息正是生成解析树所必需的,也就是说,用户的问题是语义不完整的,而这些省略掉的信息可能包含在用户以前的问题或系统给出的答案中。第一种原因在 OSG-QAs 中几乎可以忽略,因为在系统稳定运行一段时间之后,系统的知识库将逐渐得到完善,绝大部分的语义完整、领域相关的问题都可以生成一棵或多棵解析树,前一章中系统的高识别率就是一个有力的证明。另外,当一个问题所生成的得分最高的解析树中的分值低于某一个设定阈值时,也将认为这个问题是一个 Follow-up 问题,上述判别主要是基于这样的直观想法:不匹配比弱匹配更好(Non-match is better than poor match)。

虽然一个上文相关问题通常包含了指代表述(Reference Expressions)或省略了一些重要的内容,但我们认为如果能够依据问题的上下文信息,将这些上下文相关问题中的指代成分正确消解或缺失信息补充完整,则依然可以将这些"补充完整"的句子提交到一个非上下文问答系统中并得到正确答案。在 OSG-CQAs 中,我们就是按照这样的思路来回答用户的上下文相关问题。系统首先识别上下文现象的类别,并采用不同的策略来恢复问题中"丢失掉"的信息,然后,将恢复后的问题再次提交到非上下文问答系统 OSG-QAs 中进行分析。

3.2　相关工作

3.2.1　上下文问答

近年来,基于上下文的问答系统引起了很多学者的关注[85-87]。上下文相关问答最早是于 2001 年在国际著名的文本检索会议(TREC)中被作为一个挑战任务提出。在 TREC 中,一个 QA 竞赛单元(Track)试图评估参赛的问答系统在一系列问题中跟踪上下文的能力。然而,Voorhees 对这一评测任务做出了这样的评价:"一个问题系列中的第一个问题通常已经将后续问题的答案的查找范围限定在了一个足够小的文档子集合中,所以整个上下文问答系统的性能的高低直接受第一个问题是否能够被正确回答影响,而与系统的上下文跟踪能力不是很相关"[88]。正是鉴于上述因素,在后续的几届 TREC 会议中,上下文问答任务没有被作为挑战任务[89]。2004 年,TREC 会议重新推出了这一任务,并将所有问题组织在 64 个系列中,每个系列中的问题重点关注某一个特定的主题。De Boni 等[90]比较了 TREC 数据和真正的问答系统的日志,发现 TREC 的数据集与用户的真实问题在一些方面还有较大的区别,比如,TREC 数据集中的问题通常比较长,而实际用户的问题一般比较短;TREC 数据集中的指代现象比较多,而实际用户问题中的指代现象较少等。所以,他们建议在以后类似的评测中应该考虑这些因素,并使得评测数据集中的问题尽量真实。

在一个系列问题中,较早出现的问题通常会为后续的问题提供上下文环境。然而,现实中的 QA 系统并不会被提前告知各个系列之间的界线。Yang 等[91]提出了一个数据驱动的方法来识别系列之间的界线。具体来说,若当前问题与前面的问题相关,则认为当前问题与前面的问题属于同一个系列;反之,若当前问题与前面的问题不相关,则认为这个问题属于一个新的系列。Yang 等使用决策树学习方法,将界线识别问题看作一个二元分类问题:一个问题开始了一个新的主题或延续现有的主题。他们的方法并不能直接应用于本书的系统中,因为本书的系统不仅要识别当前问题是否是一个 Follow-up 问题,还要识别当前问题与前面问题的关联类别(Type of Relevance)。在识别 Follow-up 问题的具体类别方面,Kirschner 等[92]指出在交互式问答系统中,可通过度量问题和答案之间的浅层的词汇相似性来区分 Follow-up 问题类别的性能与手工标注结果是否相近(如主题延续和主题转移)。Bernardi 等[93]对这一方法进行了改进,其提出的方法基于不同的对话理论和话语结构,并加入了一些深层次的特征来度量文本之间的一致性。然而,前述几种识别 Follow-up 问题类别的方法中,要么是使用单一的、手工选择的浅层或深层特征,要么是使用手工选择的浅层特征与深层特征的组合,这些方法的缺点是需要较多的人工干预,对系统效率有一定的限制。Kirschner 等[94]对上述几个系统的方法进行了优化,通过自动收集对话管理的元数据来增加新的特征,并通过主成分分析(PCA)将这些信息进行组合。

在由日本国家信息研究所主办的一系列信息检索评测讲习班 NTCIR 上,上下文语境任务也被作为问答竞赛单元的一个子任务。他们根据 Kato 等[95]的建议准备了 NTCIR QAC 的测试数据,即① 一个系列中的问题应该相对较多,通常应该达到 7 个问题(QAC-3);② 引入两种系列类型,分别是集中型(Gathering Type)和浏览型(Browsing Type)。在集中型系列中,所有问题都是与同一个主题相关的;而在浏览型系列中,随着对话的进行,主题也在不断变化。在处理这两种系列类型的问题时,都需要将先前的交互历史考虑进来,并进行某种形式的语境融合,即识别出先前交互历史中与 Follow-up 问题相关的信息,并能够将这些信息用于处理 Follow-up 问题。在不同类别的 Follow-up 问题中,最重要的是要能够区分话题转移(Topic Shift)和话题继续(Topic Continuation)两种类别,在处理这两种类别时,通常需要使用完全不同的处理策略。

因此,在交互式问答领域中,重要的子任务包括确定问句的分类体系、识别问句所属的类别,以及针对每一种类别制定不同的语境融合策略[96]。

总的来说,目前所采用的语境融合方法可以分为两类,第一类方法主要将语境融合的焦点放在文档/文本片段的检索过程中,主要思想是对当前提交给检索系统的 query 进行扩展,而用来扩展的相关的词或短语都是出现在以前提交给系统的问题中的[97]。第二类方法则基于指代消解等方法对问题进行完善,完善过程包括用具体的指示成分来代替代词,补充完整省略的成分等,对问题进行完善后提交到一个非上下文问答系统[85]。为了保证问句完善的正确性,Mori 等[89]提出一种检查问题的完善是否合适的方法,该方法主要检测完善后的问题是否与知识库相一致,以及是否与语境相一致。

本章提出的方法与上述第二种方法类似。但是,本章所使用的上下文信息并不是简单地出现在以前的问题中的关键词或短语,而是系统对以前问题的理解结果。此外,我们根据不同的上下文关联类别分别将上下文信息的不同部分融合到当前问句的理解过程中。

3.2.2 话语建模

为了能够解决上下文问题,问答系统通常需要在与用户的交互过程中跟踪并保存用户的关注焦点。在人机交互过程中,通常使用一个话语结构(Discourse Structure)来对某一时刻的用户关注状态进行建模。在自然语言处理领域,已经有大量关于话语建模的工作。关于话语的研究主要解决两个重要的问题:① 要从话语中获得什么信息;② 这些信息将如何应用到语言解释和语言生成中。

目前有很多关于文本或对话的理论,前者如 Hobbs Theory[98] 和 Rhetorical Structure Theory[99],后者如 Grosz 与 Sidner 的对话理论(Conversation Theory)[100] 和话语表示理论[101]。Lars 等[102] 认为,在系统和用户的行为有限的情形下,人机交互中的自然语言接口所涉及的话语结构,比隐藏于实际的人与人之间对话中的话语结构要简单得多。Quarteroni 等[103,104] 实现了一个名为 yourQA 的面向开放领域的问答系统,在交互时,用户可以以自然对话的方式向系统提交查询语句。在 yourQA 系统中,他们增加了一个名为 user mode 的模块,这个模块主要负责跟踪并记录用户的年龄范围、阅读水平和用户所感兴趣的网页等[105],同时,系统使用了一个对话管理器来管理用户与系统之间的对话。对话管理器通过识别用户查询语句中的言语行为(Speech Act),并使用不同的策略来消解不同的上下文指代问题,从而使得系统能够智能地与用户进行交互。

Chai Joyce 等[81] 提出了一种新的面向交互式问答系统的话语模型,在这个话语模型中,系统跟踪并记录了用户查询语句之间的主题转换。虽然关于跟踪查询语句之间的主题转换的应用还没有进行较深入的研究,但 Sun 等[106] 给出了一个初步的试验,他们使用一种基于中心理论的主题转换模型来处理上下文相关问题,试验结果表明他们的方法要优于一般的查询扩展方法。

上述提到的话语结构对于中小型应用来说显得比较复杂,并且通常都需要依赖于对用户查询语句的深层次的理解,而自然语言理解目前还是一个很不成熟的技术。在本章中,我们提出了一个包含问句语义信息的话语结构,问句的语义信息通过对问句的浅层次语言理解获得;在与用户的交互过程中,系统还将动态地更新话语结构中的信息。

3.3 领域建模

与上一章中构建 OSG-QAs 系统相同,在构建系统时,首先需要建立领域本体和问题本体,其中,问题本体与本章的上下文相关问答密切相关。"问题本体"主要用于处理用户问题。问题本体刻画了用户查询意图的语义分类,语义文法中的开始符与查询意图相对应。问题本体本质上对应着用户查询问题的分类体系,本体的上层对应着对查询问题意图的粗分类,而本体的下层则对应着查询问题意图的细分类。问题本体中的节点的粒度大小与具体的应用相关。比如,可以将问题本体分为三层:第一层包括所有的问题集合;第二层是对问题的主题分类,这是一个粗分类;第三层为问题查询意图的分类(也称作问题焦点),这是在每一个主题下的细分类。为了便于举例,这里重新列出一个通信业务信息查询领域的问题本体,如图 3.1 所示。

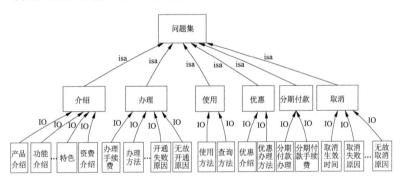

图 3.1 一个通信业务信息查询领域的问题本体

在上述问题本体中,第二层对应着对用户查询问题意图的粗分类,也称主题分类,再在每一个主题类中对用户查询问题的意图进行进一步细分,比如主题"分期付款"下面包括分期付款办理、分期付款手续费等(用"IO"表示 InstanceOf 关系)。

3.4　上下文相关问答

3.4.1　话语结构

在人机交互过程中,本章使用话语结构来跟踪并记录人机对话的状态。在 OSG-CQAs 系统中,话语结构包含下面几个槽信息,分别是用户 ID、目标概念、主题、查询焦点,如图 3.2 所示。其中,用户 ID 可以根据应用的需要填充不同的值,如电话号码、IP 地址等,其作用是当 QA 系统与多个用户同时交互时,利用用户 ID 来判别问题是否来自同一个用户,只有来自同一个用户的问题才是本章上下文相关问答所关心的。目标概念与领域本体中的概念相对应,表明当前问题所关心的具体概念,如某一个具体业务等;主题对应于问题本体中的非叶节点,表示用户查询意图的粗分类;查询焦点与问题本体中的叶子节点相对应,它表明用户当前的查询关注点。目标概念、主题及查询焦点与一个用户查询语句的语义信息相关联,是从查询语句的理解结果中获得的,而这些信息都是组织在领域本体和问题本体中的。

图 3.2　话语结构

例如,当一个用户向系统提交了查询语句:

南航信用卡有什么特色?

经过系统的理解后,其所对应的话语结构如表3.1所示。

表3.1　话语结构示例

话语结构中的槽	状态
用户 ID	User1
目标概念	南航信用卡
主题	介绍
查询焦点	特色介绍

表3.1中的话语结构表明,当前用户的 ID 为 User1;目标概念为南航信用卡,表明用户想询问关于概念"南航信用卡"的相关信息,其中,目标概念是在语义动作中加以标志并抽取出的概念实例;查询焦点为特色介绍,表明用户想询问的是关于某个概念(在本查询中为"南航信用卡")相对于其他概念的不同方面的介绍,查询焦点对应着语义解析树的根节点;而主题"介绍"则是在获得查询焦点后,利用问题本体中的主题—查询焦点的上下位关系获得的。

根据不同的应用需求,话语结构中所记录的信息的粒度大小及包括信息的多少都可以改变。信息的粒度越小,越有利于将它们应用于语境推理。但是,信息粒度越小,就意味着需要对查询语句进行更深层次的语义理解,也就意味着系统的复杂度越高。所以,在具体设计话语结构时,需要充分考虑到系统的实现复杂度。

3.4.2　话语转换

【定义3.1】　(Follow-up 问题)Follow-up 问题是指与用户已经提过的其他问题相关的问题。在 Follow-up 问题中,用户重用了与其相关的问题的部分上文信息,需借助于相关问题才能正确理解Follow-up 问题。

在上下文相关问题回答中,问题之间的相互关系取决于话语结构中的各个部分(称作"槽")的演变情况。本章依据话语结构中槽的演变将话语转换分为三种类型,即目标概念转换、查询焦点转换及同一个主题中的查询焦点细化。

从一个问题到另一个问题的转换类型将决定在解释问句时如何使用上下文信息。话语转换类别也是与话语结构的不同角度相对应的,下面通过具体的例子来说明不同类型的话语转换,其中,方括号里的文字表示用户在提交的查询句子中省略的部分。

(1)目标概念转换

当前问题与前面的相关问题关注了同样的属性或焦点,但是两者是关于不同的概念实体,也就是目标概念不同,例如:

> (a)
> 　(a.1)南航信用卡有什么特色?
> 　(a.2)运通信用卡[有什么特色]呢?
> (b)
> 　(b.1)南航信用卡分期付款怎么办理?
> 　(b.2)运通信用卡[分期付款怎么办理]如何?

在上述问题系列(a)和(b)中,前一个问题与后一个问题都是关于不同目标概念的相同的查询焦点,例如,在问题系列(a)中,两个问题分别问询了两个不同的目标概念,即"南航信用卡"和"运通信用卡"的相关情况,但其所关注的查询焦点是相同的,即都是关于两个目标概念的"特色介绍";同样,问题系列(b)中的两个问题分别问询了两个不同的目标概念,即"南航信用卡"和"运通信用卡"的相关情况,但其所关注的查询焦点是相同的,即都是关于"办理分期付款"的相关情况。在这两个例子中,若要能正确处理后一个问题,则要能先从其前面的问题中恢复"被遗漏"的信息。

（2）查询焦点转换

这种类型的话语转换的特点是，当前问题与前面的问题描述的是同一个目标概念，但是关注的却是目标概念的不同方面，即查询焦点不同。根据目标概念是否在前面的问题中被显式地提到，可以再细分为以下两种类型：

① Follow-up 问题与前面的问题是相关的，并且目标概念在前面的问题中被显式地表达出来，例如下面的一个问题系列：

（a）

（a.1）南航信用卡有什么特色？

（a.2）［南航信用卡］如何办理？

（a.3）［该卡］在国外可以使用吗？

（a.4）如何办理［它］？

（a.5）［它］［的］手续费如何收？

在上面的问题系列中，从（a.1）到（a.5）的所有问题询问的都关于同一个目标概念，即"南航信用卡"，但是，这些问句却关注了目标概念的不同方面，即问题的查询焦点不同。这种类型的话语转移的特点是，目标概念在前面的问题中被显式地表达出来，但在Follow-up 问题中被省略了。比如例子中的目标概念"南航信用卡"在（a.1）问题中被显式地表达出来了。

② Follow-up 问题与前面的问题是相关的，并且目标概念没有在前面的问题中被显式地表达出来，也就是说，Follow-up 问题是与前面问题的答案相关的，例如：

（b）

（b.1）有什么卡可以分期付款并且可以在国外使用？

（b.2）［它］怎么办理？

在这个例子中，Follow-up 问题（b.2）中被省略的"它"指向隐含在前面的问题（b.1）中的目标概念，即指向问题（b.1）的答案中

的概念。这种指代使用传统的消解方法是无法成功的,因为所指代的实体在前面的问题中根本没有出现。这种类型的指代消解需要在理解前面问题的基础上才能成功。

(3)同一个主题中的查询焦点细化

几个相关的问题查询的是同一个目标概念和主题,但是关于不同的查询焦点,这些查询焦点在问题本体中处于同一个主题下,例如:

> (a)
> (a.1)南航信用卡 分期付款 怎么办理?
> (a.2)[南航信用卡][分期付款]手续费怎么收 呢?

在这个例子中,前面的问题(a.1)查询的是关于目标概念"南航信用卡"的查询焦点"分期付款办理方法",Follow-up 问题(a.2)查询的是同一个目标概念,但是关于不同的查询焦点"分期付款手续费收取"。这种类型的话语转换似乎与前一种"查询焦点转换"类似,但是,这个问题系列中的两个问题所查询的焦点在问题本体中处于同一个主题"分期付款"下面,所以这种类型的问题之间比"查询焦点转换"类型的问题共享了更多的信息,在 Follow-up 问题中会省略更多的信息。比如,在上述例子中,问题(a.2)不但省略了目标概念"南航信用卡",还省略了主题相关的词"分期付款",而在"查询焦点转换"类型中,一般用户在 Follow-up 问题表述中只会省略问题之间所共享的目标概念词。

Chai Joyce 等[81]考虑了对话中问题之间关于事件的转移,我们上述所定义的话语转换可以与他们的转移类型有一些对应关系,如本章的目标概念转换可与他们的事件参与者转换对应,查询焦点转换可与他们的探索新主题(Topic Exploration)相对应,而"同一个主题中的查询焦点细化"与他们的约束细化(Constraint Refinement)相对应。

通过上面的讨论可了解到,上下文相关问答的目标是能够自动识别问题的话语结构,以及在对话进行的过程中识别问题之间的话语转换类型。这一任务看似十分困难,因为它需要大量的知识支持及深层的语义处理,但上一章所提出的基于本体和语义文法的自然语言理解技术为这一任务提供了很好的基础。

对于每一个查询语句,系统都要判定当前问题是否是一个Follow-up 问题,以及当前问题与前面问题的关联类型,故本章提出一种上下文相关类别识别(Relevancy Type Recognition,RTR)算法来实现这一功能。而在当前问题被识别为某一个具体类型的Follow-up 问题后,就需要依据不同的话语转换类别,融合不同的语境信息来对当前问题进行重新解释,于是本章提出一种语境信息融合(Context Information Fusion,CIF)算法来实现这一功能。下面将分别介绍这两种算法。

3.4.3 上下文相关类别识别算法

在 OSG-CQAs 系统中,识别一个查询语句是否是一个 Follow-up 问题的一个重要特征是,当前问题是否能够生成一棵或多棵解析树。正如上面提到的,在系统稳定运行一段时间之后,随着知识库的逐渐完善,大多数领域相关的问题都能够生成一棵或多棵解析树(由上一章中对于 OSG-QAs 的测试结果可知,OSG-QAs 具有很高的用户问题识别率)。

如果用户当前查询的问题没有生成任何解析树,那么一种可能性就是,当前问题与前面的问题具有某种关联,一些重要的成分可能被用户省略了。在这种可能性下,当前问题就有可能是一个Follow-up 问题。另外,当用户查询的问题能够生成一些解析树时,也有可能被识别为一个 Follow-up 问题,即当所生成的所有解析树的分值均低于某个阈值时,则认为匹配结果是不可信的,这个时候当前问题也被认为可能是一个 Follow-up 问题。当然,还有一种情况是,用户输入的问题是与领域完全无关的,这个时候也可能会出现问题不能生成任何解析树或生成的解析树的分值低于设定阈值的情形,我们会在后续的步骤及 CIF 算法中进一步验证其是否是一个 Follow-up 问题或领域相关问题。

通过观察发现,用户在表述关联问题时通常具有一定的模式。比如,下面是两个问题系列,Follow-up 问题与前面问题的关联类型均为"查询焦点转换"。

(a)
　(a.1) 南航信用卡有什么特色?
　(a.2) 运通信用卡[有什么特色]呢?
(b)
　(b.1) 南航信用卡分期付款怎么办理?
　(b.2) 运通信用卡[分期付款怎么办理]如何?

通过对上述问题进行分词和语义标注后发现,"南航信用卡"和"运通信用卡"分别是两个概念词,上述两个问题系列中的 Follow-up 问题具有如下两个特征模式:

(a) Concept 呢?
(b) Concept 如何?

其中,Concept 与领域本体中的概念相对应,当问题具有这些特征模式时,则认为其可能是一个特定关联类型的 Follow-up 问题。

【定义 3.2】　(上下文相关模式)上下文相关模式是指用于表征当前问题与上文问题相关联的特征模式。

笔者认为,在面向领域的系统应用中,上下文相关模式的数量是有限的且数量不大,可以手工总结,也可以通过自动或半自动方式来获取。目前,本书通过手工总结方式获得了表征"查询焦点转换"类型的上下文相关模式 36 条。

鉴于上述描述,本章提出了上下文相关类别识别(RTR)算法,如图 3.3 所示。

Algorithm　Relevancy Type Recognition(RTR) algorithm

Input: Given the current question: Q_i

Output: Type of contextual relevance: *RType*

Begin

(1) If Q_i has matching templates or the historical accuracy of the matching template is beyond set threshold, Q_i is not a follow-up question, let *Rtype = null*, ***return Rtype***;

(2) If Q_i has a pronoun that does not refer to an entity in the same sentence, this question could be a follow-up question and let *Rtype = FOCUS_SHIFT*;

(3) If Q_i does not contain any verbs and expression of Q_i tally with contextual patterns such as "[what about] CONCEPT" (CONCEPT is a node in the domain ontology), Q_i could be a follow-up question and let *Rtype = TARGETCONCEPT_ SHIFT*;

(4) If Q_i doesn't contain any domain concept described in the domain ontology and expression of Q_i doesn't tally with any patterns used in step (3). Q_i could be a follow-up question and let *Rtype = INTOPIC_FOCUS_REFINEMENT*;

(5) Otherwise, Q_i is not a follow-up question, let *Rtype = null*;

(6) return *Rtype*.

End.

图 3.3　上下文相关类别识别(RTR)算法

　　在 RTR 算法中,当一个问题被认为可能是一个 Follow-up 问题后(按照上文提到的两个方法进行判别),再识别其与上文问题的相关类型。具体来说,如果当前问题 Q_i(下同)中含有一个指代词,并且利用指代消解方法发现,该指代词不指向当前问题中的任何实体,则认为当前问题是一个 Follow-up 问题,并且其与前面问题的关联类型为"查询焦点转换";如果当前问题 Q_i 中不含有任何动词,并且其表达方式与某一个上下文相关模式相匹配,则认为 Q_i 是一个 Follow-up 问题,并且其与前面问题的关联类型为"目标概念转换";如果当前问题 Q_i 中不含有任何领域概念词(即领域本体中所包含的概念),并且其表达方式不与任何一个上下文相关模式相匹配,则认为当前问题是一个 Follow-up 问题,并且其与前面问题的关联类型为"同一个主题中的查询焦点细化";若当前问题不能满足上面的任意一个条件,则认为其不是一个 Follow-up 问题。

3.4.4　语境信息融合算法

当问题被识别为某一个具体类别的 Follow-up 问题后,就应该使用特定的话语结构中的上下文信息来对当前问题进行重新解释,于是本章提出语境信息融合(CIF)算法,如图 3.4 所示。

Algorithm　Context Information Fusion(CIF) algorithm

Input：Given the current question Q_i, current user's *UserID* and the list of discourse structure of history questions $ls_{DS} = \{DS_1, \cdots, DS_n\}$;

Output：Completed question Qc_i;

Begin

(1) if current *userID* has no corresponding history discourse structure in ls_{DS}, it may not be a domain relevant query, **return** $Qc_i = Q_i$;

(2) Get the history discourse structure from ls_{DS} whose *userID* is equal to current one：DS_h, get relevance type of Q_i：$RType_{Q_i}$;

(3) if $RType_{Q_i} = FOCUS\_SHIFT$, then get target concept of DS_h：TC, and formulate new question Qc_i by replacing TC with the pronoun if Q_i has or insert it at appropriate position of Q_i, and update DS_h, **return** Qc_i;

(4) if $RType_{Q_i} = TARGETCONCEPT\_SHIFT$, then get query focus of DS_h：QF, and formulate new question Qc_i by inserting QF at appropriate position of Q_i, and update DS_h, **return** Qc_i;

(5) if $RType_{Q_i} = INTOPIC\_FOCUS\_REFINEMENT$, then get target concept and topic of DS_h：TC, TO, and formulate new question Qc_i by inserting them at appropriate position of Q_i, and update DS_h, **return** Qc_i;

(6) if $RType_{Q_i}$ is *null*, then **return** $Qc_i = Q_i$.

End.

图 3.4　语境信息融合(CIF)算法

在进行上下文融合时,首先需要判别当前用户的 *userID* 在系统中是否有对应的话语结构存在,如果不存在,并且因为输入到 CIF 算法的均被认为是 Follow-up 问题,则可以认为当前问题是一个领域无关问题。若当前用户已经有相应的话语结构,则需要根据当前问题与前面问题的关联类型(由 RTR 算法产生),分别使用话语结构中的不同部分来重新解释当前问题。具体来说,若当前问题与前面问题的关联类型为"查询焦点转换",则说明前后两个问题是关于同一个目标概念的不同方面(即查询焦点)的提问,这种情况下,用户在表述后面的问题时,通常会省略掉与前面问题相同的目标概念。这时就需要根据话语结构中记录的关于以前问题中所涉及的目标概念,将当前问题补充完整,即将目标概念插入当前问题的适当位置上或替换掉对应的代词。例如,当一个用户向系统提交了查询语句:

> (a) 南航信用卡有什么特色?

经过系统的理解后,所对应的话语结构如表 3.2 所示。

表 3.2 话语结构状态 1

话语结构中的槽	状态
用户 ID	User1
目标概念	南航信用卡
主题	介绍
查询焦点	特色介绍

这时,若同一个用户继续向系统提问:

> (b) 如何办理呢?

则根据 RTR 算法,可以判别问题(b)与前面的问题(a)的关联类别为"查询焦点转换",因而这里使用话语结构中的"目标概念":南航信用卡,将问题(b)补充完整,形成新的问题(b'):

> (b')南航信用卡 如何办理呢?

重新形成问题(b')后,系统将新问题重新提交到 OSG-QAs 中,根据理解结果,更新话语结构,如表 3.3 所示。

表 3.3　话语结构状态 2

话语结构中的槽	状态
用户 ID	User1
目标概念	南航信用卡
主题	办理
查询焦点	办理方法

类似地,若当前问题与前面问题的关联类型为"目标概念转移",则说明前后两个问题是关于不同目标概念的同一个方面(即查询焦点)的提问,这种情况下,用户在表述后面的问题时,通常会省略掉与前面问题相同的查询焦点相关的词。这时就需要根据话语结构中记录的以前问题中所涉及的查询焦点,将当前问题补充完整,即将查询焦点插入当前问题的适当位置上。例如,若同一个用户继续提问如下:

(c)那运通信用卡呢?

则根据 RTR 算法,可以判别问题(c)与前面的问题(b)的关联类别为"目标概念转换",因而这里使用话语结构中的"查询焦点":办理方法,将问题(c)补充完整,形成新的问题:

(c')那运通信用卡 办理方法 呢?

在形成新问题(c')后,系统会将新问题重新提交到 OSG-QAs 中并重新调用 STM 算法,根据理解结果,更新话语结构,如表 3.4 所示。

表 3.4　话语结构状态 3

话语结构中的槽	状态
用户 ID	Userl
目标概念	*运通信用卡*
主题	*办理*
查询焦点	办理方法

若当前问题与前面问题的关联类型为"同一个主题中的查询焦点细化",则说明前、后两个问题是关于同一个目标概念的不同方面(即查询焦点)的提问,但前、后两个问题的查询焦点在本体层次上同处于一个主题下。这种情况下,用户在表述后面的问题时,不但会省略掉与前面问题相同的目标概念,还会省略与前面问题相同的主题信息。这时就需要根据话语结构中记录的关于以前问题中所涉及的目标概念和主题,将当前问题补充完整,即将目标概念和主题插入当前问题的适当位置上。例如,若同一个用户继续提问如下:

> (d)手续费怎么收呢?

根据 RTR 算法,可以判别问题(d)与前面的问题(c)的关联类别为"同一个主题中的查询焦点细化",根据前述方法将问题(d)补充完整,形成新的问题(d'):

> (d')运通信用卡 办理 手续费怎么收呢?

在重新形成问题(d')后,系统会将新问题重新提交到 OSG-QAs 中并重新调用 STM 算法,根据理解结果,更新话语结构,如表 3.5 所示。

表 3.5　话语结构状态 4

话语结构中的槽	状态
用户 ID	User1
目标概念	运通信用卡
主题	办理
查询焦点	办理手续费

从上面的例子可以看出,自然语言理解过程与领域知识库的构建(包括领域本体、问题本体、语义文法等)密切相关,完备的和精细化的领域知识库可以为自然语言理解提供很好的支持,这也正是本书所提出的面向领域的自然语言理解技术取得这么好的效果的原因。

Follow-up 问题的识别和分类、指代消解等是面向开放领域的上下文问答系统的重要技术,但目前这些技术还远未达到实用水平。而本书所提出的 OSG-CQAs 系统是一个面向限定领域的上下文问答系统,用户的查询问题一般不会超出某个领域范围。本书提出的使用基于领域本体和语义文法的自然语言理解技术,取得了较高的用户提问问题识别率和理解准确率(详见上一章)。通过观察发现,大多数的 Follow-up 问题通常不能生成任何解析树或生成的解析树的分值低于设定阈值,本书将此作为识别 Follow-up 问题的重要特征。在此基础上,再通过其他约束条件识别出具体的关联类别(RTR 算法),然后提出一种简单但十分有效的话语结构来跟踪记录用户的话语状态,并根据不同的上下文关联类别,利用话语结构中的不同部分来对 Follow-up 问题进行重构,并提交到已有的非上下文相关的问答系统中重新进行处理。本书并没有使用较为复杂的基于机器学习的 Follow-up 问题识别和共指消解等技术,而是使用基于知识的方法来有效地解决这些较复杂的问题。

3.5　实验

3.5.1　测试数据描述

据调研,目前还没有针对汉语的上下文相关问答的公认的标准测试语料,所以本书手工构造了上下文相关测试集。本书在两个应用领域分别构造了测试数据,即用户对某银行的业务信息查询和用户对某通信公司的产品及业务的信息查询,其中前者的领域概念相对较少,信息查询点(问题焦点)较少,而后者是一个较大的领域,涉及的领域概念比较多,信息查询点(问题焦点)较多。将本章提出的方法应用于不同规模的领域中,以检测方法的可扩展性(Scalability)。

数据集 1:BSC_CONTEXT Data Set,数据集中的问题是关于某个银行的产品或业务的咨询,比如关于如何办理信用卡或汇款手续费等,这些问题都是真实用户提交到系统中的。数据集中包括240 个问题系列(对应着 240 个不同的用户),平均每个系列包含 3 个问题,共 720 个问题。在这些系列中,有 90 个系列共 236 个问题关于“目标概念转换”,60 个系列共 214 个问题关于“查询焦点转换”,90 个系列共 270 个问题关于“同一个主题中的查询焦点细化”。

数据集 2:MSC_CONTEXT Data Set,数据集中的问题是关于某个通信公司的产品或业务的咨询,比如关于手机归属地查询或办理通信套餐业务等。数据集中包括 1000 个问题系列(对应着 1000 个不同的用户),平均每个系列约包含 4 个问题,共 4200 个问题。在这些系列中,有 200 个系列共 740 个问题关于“目标概念转换”,340 个系列共 1328 个问题关于“查询焦点转换”,460 个系列共 2132 个问题关于“同一个主题中的查询焦点细化”。

根据两个数据集所在领域,本书分别设计了领域本体及语义文法。

3.5.2　评测指标

本书采用精确率(Accuracy)和平均排序倒数(Mean Reciprocal Rank,MRR)这两个指标来评价算法的性能。精确率的公式如下:

$$Accuracy = \frac{\left| \{ t \in T \mid rank(TA(t)) = 1, TA(t) \in trees(t) \} \right|}{|T|}$$

$$(3-1)$$

式中,T 表示测试语料;t 表示测试语料中的一个句子;$trees(t)$ 表示系统对句子 t 的所有解析结果,按照解析树的得分高低进行排序;$TA(t)$ 表示句子 t 的正确的解析结果。

MRR 的公式如下:

$$MRR = \frac{1}{|T|} \cdot \sum_{t \in T} \frac{1}{rank(TA(t))} \qquad (3-2)$$

式中,T 表示整个测试集;$TA(t)$ 表示句子 t 的正确的解析结果;$rank(TA(t))$ 表示用于计算查询问题 t 的正确分析结果在其所有分析结果中的排名。其定义如下:

$$rank(TA(t)) = \begin{cases} TA(t) \text{在所有结果中的排名} & \text{若 } TA(t) \neq NULL \\ \propto & \text{若 } TA(t) = NULL \end{cases}$$

$$(3-3)$$

引入如上定义是因为,若句子 t 无法理解或理解结果中没有正确的分析结果时会导致 $rank(TA(t)) = 0$,故本书取了一个较大的数值(如令 $\propto \approx 10000$)来处理这种情况。

3.5.3　比较的算法

比较方法 1:为了检测 RTR 算法对于后续上下文信息融合的影响,我们构建了一个 baseline 系统,这个系统不对 Follow-up 问题进行分类,在遇到系统不能处理的问题时,随机地使用话语结构中的上文信息来对未能处理的问题进行重新解释。

比较方法2:为了验证系统的整体处理上下文的效果,本书对测试集中的所有上下文相关问题进行了手工处理,即根据上下文关联类别,手工将不完整的问题补充完整,或将问题中出现的指代上文的代词用相应的指代成分替换,依此构造两个非上下文相关的问题集合。用上一章中所介绍的非上下文相关问答系统来测试这些数据,得到相关统计指标。

3.5.4 实验结果

表3.6和表3.7分别列出了本书所提出的方法在某银行业务信息咨询领域的上下文相关测试集 BSC_CONTEXT Data Set 上的测试准确率和MRR值,并分别给出了方法在三种上下文转换类别上的测试结果。

表3.6　BSC_CONTEXT Data Set 上的测试结果(Accuracy)　%

系统	所有系列	目标概念转换	同一个主题中的查询焦点细化	查询焦点转换
比较方法1（baseline）	54.9	62.0	51.0	52.0
本书方法	88.4	91.0	81.0	92.0
比较方法2	93.3	92.0	94.0	94.0

表3.7　BSC_CONTEXT Data Set 上的测试结果(MRR)　%

系统	所有系列	目标概念转换	同一个主题中的查询焦点细化	查询焦点转换
比较方法1（baseline）	59.1	64.2	55.3	58.4
本书方法	93.1	95.2	88.6	96.3
比较方法2	97.9	96.7	98.3	98.6

表 3.8 和表 3.9 分别列出了本书所提出方法在某通信公司业务信息咨询领域的上下文相关测试集 MSC_CONTEXT Data Set 上的测试准确率和 MRR 值,并分别给出了方法在三种上下文转换类别上的测试结果。

表 3.8　MSC_CONTEXT Data Set 上的测试结果(Accuracy)　%

系统	所有系列	目标概念转换	同一个主题中的查询焦点细化	查询焦点转换
比较方法 1 (baseline)	49.8	58.0	47.8	48.3
本书方法	86.4	90.3	82.1	91.0
比较方法 2	93.8	92.4	93.8	94.5

表 3.9　MSC_CONTEXT Data Set 上的测试结果(MRR)　%

系统	所有系列	目标概念转换	同一个主题中的查询焦点细化	查询焦点转换
比较方法 1 (baseline)	55.8	63.3	53.4	55.5
本书方法	91.7	93.2	89.6	94.3
比较方法 2	97.4	96.8	97.4	97.6

在两个不同规模的领域测试结果表明,方法在较小规模领域和较大规模领域的测试结果相当,总体上准确率分别达到了 88.4% 和 86.4%,以及 MRR 值分别达到了 93.1% 和 91.7%。上述实验表明,本书所提出方法具有较好的可扩展性,能够适应不同规模的领域应用。

3.6　实验分析及讨论

从上述实验结果可以看出,本书提出的方法比 baseline 系统取得了更高的准确性,并且与比较方法 2 几乎取得了相同的性能,特别是在这两种相关类别的问题"目标概念转换"和"查询焦点转换"上。

而在"同一个主题中的查询焦点细化"这一类型的问题测试中取得了相对较低的准确率。引起这种情况的原因可能包括如下几种:

① 在上下文问题处理中,前面问题的正确理解对后续相关问题的理解起到决定作用,话语结构中的语义信息都是由对于问题的理解结果填充的,这些信息将在上下文融合过程中用来对后续的相关问题进行重构,若前面的问题不能理解或理解错误,将很可能导致使用错误的上下文信息来对后续的相关问题进行重构。

② 在构造测试数据集时,本书是直接从用户的咨询日志中提取的,并没有考虑这些咨询的具体时间,所以会出现这样的一种情况:同一个用户提交的多个问题相隔时间较长时,有些问题之间并没有相关性,当这些问题被错误地识别为上下文相关时,就可能出现一些意想不到的错误。在将来的工作中,可以通过在话语结构中考虑时间因素来避免这类错误。

③ 目前,本书所提出的 RTR 算法还主要是基于规则的方法,由于上下文相关模式集合不完备及模式匹配歧义等会引起一些识别错误。在以后的工作中,可通过引入一些机器学习方法来辅助归纳学习上下文相关模式。

④ 目前的 CIF 算法中,在进行上下文信息融合时,本书只是简单地将相应的上文信息放在了句子的头部,而这种做法虽然对系

统的整体效果影响不大(从测试结果可以看出),但还是存在一些由此带来的匹配歧义或匹配错误的情形(比如有一些规则是要求有序匹配的)。在将来的工作中,可以通过引入句法分析方法,分析句子是否是句法完整的,若不完整,可依据句法分析的部分结果来调整适当的上下文插入位置。

⑤ 在问题相关类别分类过程中,当问题中的代词有指代歧义时,即某个代词所指代的可能不是前面问题中的某一个概念实体,而是指向了某个概念实体与主题的组合,这时"同一个主题中的查询焦点细化"类型的问题就会被错误地划分为"查询焦点转换"类别。这类问题可通过引入一些指代消解技术来解决。

⑥ 在 RTR 算法中,一个问题系列中的问题若不含有领域概念,则有可能被识别为"同一个主题中的查询焦点细化",但是,如果这些相关问题所对应的查询焦点在本体层次上没有被组织在同一个主题下,将导致在信息融合时将错误的主题融合到后续的相关问题中。这类错误的出现说明我们所设计的本体是不合理的,需要根据测试情况对本体结构进行调整,将一些相关的查询焦点组织在同一个主题下,比如,应该将查询焦点"办理方法"与"办理失败原因"组织在同一个主题"办理"下。

上面的最后两个原因是导致"同一个主题中的查询焦点细化"类别的准确率相对较低的主要原因。

3.7　本章小结

在问答系统中,用户的提问通常不是孤立的,而是使用连续的多个相关的问题来获取信息,用户在与这样的系统进行交互时,才会感觉更自然。本章在上一章所提出的非上下文相关问答系统的基础上,提出了一种可以处理上下文相关问题的方法并开发了系统 OSG-CQAs。该方法首先识别当前问题是否是一个 Follow-up 问题,若是,则判别其与前面问题的具体的相关类别,然后根据相关类别,利用话语结构中的信息对当前的 Follow-up 问题进行重构,并提交到上一章中的非上下文相关问答系统 OSG-QAs 中。然后,将方法在两个不同规模的领域进行测试,并与相关系统或方法进行比较。测试结果表明,本章所提出的方法具有较好的可扩展性。在总体测试中,本章提出的方法比基线系统获得了更好的效果,同时手工将所有上下文相关问题进行上下文消解,系统也进行了比较,并获得了相近的性能。

第 4 章　基于种子的语义文法扩展学习

4.1　引言

汉语的自然语言理解技术在近十年中取得了长足的进步,然而这些研究主要是面向领域无关的基础性的研究,虽然这些研究十分重要,但是基础性研究与现实应用之间的差距,使得很多技术还不能在现实应用中大规模使用。我们认为,在应用层次上,针对现有的需求,开发出领域相关即在特定应用领域中的文法学习技术显得非常必要。

本章研究了一种基于种子文法(核心文法)的文法扩展学习技术,该方法首先通过种子文法对解析失败的句子进行部分解析,在此基础上,方法试图构建句子的完整解析树,包括预测部分解析结果的顶层节点、生成新扩展文法规则假设、验证假设等,并对扩展学习到的文法规则进行一些后处理操作,包括对规则进行概化处理、冗余检测等。然后,本章提出了两种文法扩展学习范式即增量式学习范式和批量式学习范式。其中,在批量式学习范式中提出了一种通过对学习语料中数据的"可学习性"度量来筛选学习对象,从而提高文法扩展学习的整体质量和效率的方法。

4.2　相关工作

文法具有可以处理复杂的嵌套结构的优秀特性,但手工设计文法又有上述提到的诸多缺点,所以,若能将统计方法引入设计文法的各个阶段,将极大地提高系统的整体效率及文法的覆盖度。总体来说,文法更新的主要方法包括:

① 收集不能被现有文法解析的句子,并提交给文法设计人员,由其进行更新,新增文法以使新文法能够解析这些句子。方法的缺点是需要非常有经验的人员且需要较长的时间。这种方法是在计算机处理能力还不是很强的年代经常采用的。

② 采用机器学习方法如贝叶斯分类器、VSM 模型构造分类器,并预测新句子的最顶层的概念类型,但是,这一方法产生的是一个无层次的分类,并不能产生一个带有嵌入变元的结构[107]。

③ 基于最小距离的解析法,对于没有解析结果的句子,从可以解析的句子中找一个最相似的句子,其中相似性的计算方法有基于词的 Damerau-Levenshtein Metric 等方法。这种方法缺点是用于查找在语法上最相似句子的算法具有指数级的时间和空间复杂性[108]。

④ 从句子集合自动归纳学习文法,除了一些已经在理论上证明的结果限制了我们所能学习到的东西之外,学习到的文法可理解性较差,并且其所生成文法树不适合直接用于生成句子的语义表示[109]。

⑤ 构造句法树库,并从中学习文法规则。该方法的缺点是只能用于构造初始的核心文法,但不能用于扩展文法以使其能够覆盖那些 extragrammatical 的句子,并且需要人工标注大量的句子。

下面将主要依据统计方法与规则方法的不同结合方式来回顾已有的研究成果,包括引入统计方法辅助初始语义文法设计,以及在手工设计文法的基础上引入统计方法对已有文法进行动态扩展。

4.2.1　文法归纳学习

将统计方法与基于知识的 NLU 系统相结合的一个重要研究方向是文法自动归纳。文法自动推理(或文法自动归纳)研究数据驱动式的文法创建[110,111]。Fu 等[112,113]总结了早期的基于训练语料自动学习有限状态自动机(FSA)的工作。Vidal 等[114]提出了一种基于错误修正的文法归纳算法,并且在语音识别中予以了应用。Stolcke 等[115]则试图基于贝叶斯合并算法从训练样本中自动归纳学习 HMMs。Wang 等[116]使用迭代聚类及序列构建算法自动发现句子间的共同结构,并将之应用于一个统计口语翻译系统。Wong等[117]及 Pargellis 等[118]使用了类似的算法半自动发现可用于 NLU的自然语言结构。

Arai 等[119]提出了一种可用于口语理解的文法段的自动获取方法。Arai 等使用有监督学习方法,从标注了分类标签的用户咨询句子中学习对于分类有重要指示作用的短语(Phrase),并根据短语的上文、下文、短语的类标签这三类概率分布计算短语间的相似度,并据此对短语进行聚类,得到文法段(Fragment),每一个文法段中都包含了语义相似的短语,然后将这些文法段组成更长的 Fragment Grammar。

Meng 等[120]提出了一种半自动获取可用于自然语言理解的文法的方法,此方法迭代地从生语料中获取包含由句法结构和语义结构组成的文法。该方法首先基于分布假设计算词之间的相似性,并据此进行词聚类,将认为是语义相似的词聚成一个词簇,并将语料中的所有词用统一的词簇标记替换,再使用凝聚聚类方法生成短语或多词表达。方法迭代调用上述步骤,直到满足设定的停止条件为止。为了提高文法学习的整体性能,该方法还允许在文法学习的过程中嵌入领域先验知识,从而加速文法学习的收敛速度并提高文法的质量。

语义理解可以看作是一个识别用户的查询意图并从用户查询语句中抽取重要的语义成分的过程。而信息抽取则研究根据句子所对应的不同的"事件"类型,使用信息抽取模式从句子中抽取语义成分填充事件框架。两者的研究目标十分相似,信息抽取模式自动获取的相关研究也为语义文法的自动归纳学习提供了很多启发。

Kim 等[121]提出了一种自动获取可用于抽取句子中特定事件类型语义成分的模式(Linguistic Pattern)的方法。与事件框架对应的模式的主要作用是"理解"句子,模式包含语法部分及语义部分,其中语义部分与事件框架中的槽相对应,语法部分为与要理解的句子相匹配的有序词序列或概念树中的语义类。该方法首先定义领域事件框架,框架用槽定义,包括槽名、槽的语义类型约束。然后根据框架中的关键词选取相关句子,并对句子做预处理,包括语块标注、去除冗余词、将长句拆分成短语(句)等;再对句子中的语块与框架中的槽进行映射,并构造模式。最后,根据训练时解析成功的句子与失败的句子,逐步确定模式中元素的最优语义类型约束。

Yangarber[122]提出了一种可用于文本理解的语义模式的无监督挖掘方法。他针对已有的模式挖掘工作中的缺点——"随着迭代层次的增多,模式的准确率逐渐下降",提出了改进方法,通过在多个模式挖掘算法中引入竞争机制,为无监督算法提供了自然的停止条件,从而保证了挖掘出的模式的整体性能。

Yangarber 等[123]还认为在为新的事件或关系设计信息抽取系统时,最主要的工作就是总结归纳这些事件或关系的文本表达方式,而这项工作需要大量的人工参与。他们提出了一种基于种子模式的模式发现方法 EXDISCO,并通过实验验证了手工设计的模式与自动获取的模式的性能几乎相当。

4.2.2　文法扩展学习

由于语言表述的多样性,手工构造的语义文法对目标语言的覆盖度还远远不够,通常需要在系统的运行过程中,利用统计方法对语义文法进行不断的扩充。

Rosé[124] 提出了一种通过交互方式处理不合语法的现象,所谓不合语法是指输入的句子不能完全被现有文法所覆盖。在 ROSE 系统中,当遇到不合语法句子且句子至少产生了两棵部分解析子树时,系统通过组合及交互两个步骤构造句子的完整解析树。在组合阶段采用遗传算法产生所有可能的完整解析树,并按适应度函数值高低进行排序;在与用户交互阶段,选择出最终正确的解析树。

Jill 等[125]认为要设计一个能够覆盖所有用户输入句子的文法是不可能的,也是不现实的。他们提出了一种面向特定用户的自适应扩展核心文法的方法,针对不同的使用现有文法规则不能解析的原因(包括删除、插入、替换、位置交换等),分别制定了文法的扩展动作。在运行时,为特定用户进行服务的文法包括核心文法及扩展文法。

Kiyono 等[126]提出了一种半自动获取语言知识(即文法)的方法,方法将基于语料的统计方法与基于规则的方法相结合。当解析一个句子失败时,首先由基于规则的部件产生所有可能的关于现有文法缺陷的假设,再由基于语料的统计方法从中找出最有可能的一个,并据此对原有文法进行改造。

Gavaldà 等[42]认为设计自然语言理解系统的主要难点在于定义从词到语义的映射,通常给一个特定领域设计一个足够全面的语义文法(一种非终结符直接对应语义单元的语法)要花费一个专业人员几年的时间,而且由于自然语言天生的复杂性,即使有这样的映射也不可能覆盖所有可能的情况。由于不可能逐一列举一个概念所能对应的所有表达方式,因此可以设计这样一个系统:系统可动态地适应非专家用户的语言习惯。Gavaldà 等认为针对某一个特定的领域,开发自然语言理解系统分为两步:在设计阶段,系统辅助设计人员生成一个简单的领域模型和一个核心语法;在运行阶段,系统给用户提供一个交互式界面来动态扩展核心语法。Gavaldà 等设计的系统 GSG 首先使用核心文法解析句子,对于解析失败的句子,通过与人交互,构造句子的完整解析树,并从中抽取新文法规则加入文法库中,从而实现文法的增量学习。

Wang 等[127]提出了一种半自动扩展语义文法的方法。此方法首先定义领域相关的语义 schema,其中包含了领域中的相关概念,并依据定义的 schema 对语料进行标注;再将定义的语义 schema 自动转换成 template CFG。在文法学习阶段,依据 template CFG、标注的语料库、通用文法库(关于一些通用概念如时间、地点等的文法)、语法限制规则等,学习新的文法规则。

4.3　种子文法构建

在本书中,语义文法的构建主要包括两部分:① 本体构建,即领域相关的概念的层次结构,或者说是一些非终结符及其相互关系,这些非终结符构成了语义文法的骨架;② 语义文法规则设计,这些文法规则就是将一些非终结符或终结符组合得到的文法模式。

对于第一个部分,构建领域本体时主要考虑将哪些概念纳入其中,领域本体中只包含那些对具体应用来说相关的领域概念。比如,对于订购机票的领域应用来说,只需要将与机票、飞机、时间、城市或机场、价格等相关的一些概念包含于领域本体中,而不需要包含动物、植物等概念。这些都是在设计具体领域应用时,设计者从处理粒度、系统应用范围等角度出发进行考虑的。同样的一个应用系统,当需求者对其有不同的要求时,领域本体中所包含的内容也有可能要相应地改变。

而对于第二个部分,语义文法规则中的非终结符一般为领域相关的语义单位,其语义粒度的粗细除了与具体应用需求相关外,还影响文法规则的构造。使用较粗语义粒度的语义单位构造的文法规则具有较强的泛化特性,但可能会生成不合语义的句子;而使用较细语义粒度的语义单位构造的文法规则具有准确性高的特性,但其泛化能力有限,且文法库中的规则数量会急剧增加,影响系统的整体效率。

图 4.1 所示为一个语义文法示例,此语义文法主要用于处理用户提交的关于购票的查询句子。在下面的语义文法扩展学习中,将使用此语义文法举例说明相关概念。在下述文法中,带有前缀"_"的非终结符表示的是领域的一些关键概念,也称"语义概念槽",如"_WEEKLY_DATE""_CITY"等,语义抽取模块将以此为标识生成句子的语义表示。

```
QUERY_FOR_BUY_TICKET→HOW BUY DATE_TIME ROUTE TICKET
QUERY_FOR_BUY_TICKET→DATE_TIME ROUTE FLIGHT QUERY_WHAT
DATE_TIME→_WEEKLY_DATE
ROUTE→DEPARTURE_INFO ARRIVAL_INFO
DEPARTURE_INFO→从 _CITY
ARRIVAL_INFO→ 到 _CITY
HOW→怎么 | 怎样 | 如何
BUY→买 | 购 | 购买 | 订购
_WEEKLY_DATE→周一 | 周二 | 周三 | 周四 | 周五 | 周六 | 周日
_CITY→ 北京 | 上海 | 深圳
FLIGHT→ 航班 | 航线
TICKET→机票 | 飞机票
QUERY_WHAT→ 有哪些 | 有什么 | 哪些 | ...
HAVE→ 有 | 拥有 | 包括 | ...
```

图 4.1　语义文法示例

图 4.2 是对句子：

怎么购买周五从北京到深圳机票？

利用上述语义文法的一个解析结果。

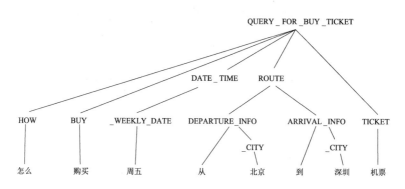

图 4.2 语义文法分析结果

核心语义文法的质量对 NLU 系统的整体性能至关重要。首先，核心语义文法对于后续的文法扩展起到了"导航"的作用。若初始方向错误（例如语义对应关系错误），则在此基础上的"扩展学习"到的文法将产生不可预料的结果，所以核心语义文法的质量对整个系统是至关重要的。核心语义文法的评价标准包括：核心语义文法对领域本体的覆盖度；利用测试语料评价核心语义文法对句子意图识别准确度（Intent Identification Accuracy）、语义槽识别准确度（Slot Identification）等（详见第 1 章中的定义）。

4.4 语义文法学习总体流程

由于语言表述的多样性，由手工构造的核心语义文法对目标语言的覆盖度还远远不够，需要在系统的运行过程中对核心语义文法进行不断的扩充，并且要保证新扩充的文法能够与核心文法库中的已有文法保持兼容。本书中句子解析失败的原因主要有以

下两类:

其一,由于文法库中的文法规则不全,因而无法使用现有的文法规则解析句子。

其二,句子可以匹配文法库中的文法规则,但其匹配是错误的,原因是本书的语义文法规则中引入了通配符机制,使得语义文法具有较高的容错能力,但同时也带来了"过匹配"问题,导致出现错误匹配的情形。

针对第一种失败原因,文法学习的主要目的是扩展学习已有顶层概念节点的新的文法模式,是对已有核心文法的一种扩展学习;而对第二种失败原因,文法学习需要为已有的文法规则增加适当的语义约束,以避免错误匹配的情形,本书称之为语义文法约束学习,这部分内容将在下一章中详细阐述。

图 4.3 为语义文法学习系统针对不同的解析失败原因的学习场景分类。

$$文法学习\begin{cases} 基于种子的文法扩展——扩展学习新的文法规则 \\ 文法约束学习——学习文法规则的语义结束 \end{cases}$$

图 4.3 文法学习分类

由于在构造领域本体及核心语义文法时,已经保证了对领域相关的概念集合的足够的覆盖度,所以本书中的大部分解析失败是由描述这些领域概念属性或关系的规则模式不全引起的,故本书首先尝试对现有文法库进行文法扩展,即新增非终结符或终结符的组合模式;对于上述新增加的文法规则,调用文法约束学习模块学习这些规则的约束。图 4.4 为文法学习系统的总体流程。

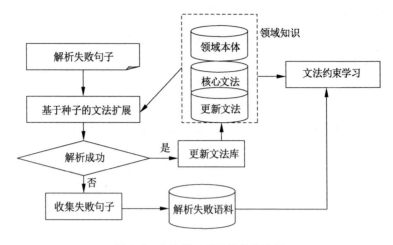

图4.4 文法学习系统的总体流程

4.5 基于种子的文法扩展学习

本书提出的基于种子的文法扩展学习是一种错误驱动的文法学习（Error Correcting Grammatical Inference），这里的错误包括由于现有文法规则不全，系统使用现有的语义文法无法对新提交的句子产生一棵完整解析树，或使用原有的文法规则产生了错误的解析树，需根据解析失败的句子及已有的种子文法，动态扩展现有文法，使得扩展后的语义文法能够正确解析这些句子及与此类似的句子，同时要保证扩展后的文法与原来的文法保持兼容。

图4.5为文法扩展学习的总体流程。

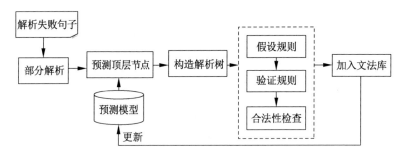

图 4.5　文法扩展学习的总体流程

　　传统的文法解析器通常要根据文法规则对句子生成一棵完整的解析树。一棵完整的解析树只有一个根节点,根节点为文法的开始符。对于不合文法的句子,通常不能生成一棵完整的解析树。图 4.5 中的部分解析是指利用现有的核心语义文法,尽可能多地识别出句子中的语义单元,一个句子的一组部分解析结果对应着多个解析树,这些解析树的根节点可以为任意的非终结符,一组部分解析结果对应着一个终结符与解析树的序列。

　　本书所提出的语义文法解析器的一个特点就是鲁棒性,其体现在能够处理不合文法的句子,能够根据部分解析结果猜测句子的大概意思(即句子的意图分析)。图 4.5 中的预测模型是一个统计模型,能够根据一组终结符和解析树的序列(即上述的部分解析结果),提供一个按照似然度排序的顶层节点列表。同时,预测模型还能够用来选择子节点,在构造不合文法句子的解析树时,某个非终结符可能包含多个子节点,预测模型用来决定句子的未能解析部分与哪一个子节点最为匹配。

　　根据前述步骤的预测结果,可以得到部分解析结果所对应的顶层节点。至此,要建立一棵完整的解析树就是要利用本体、核心语义文法、预测模型等资源建立句子中未能解析部分与合适的非终结符的对应关系。当句子中的所有成分均能对应到非终结符,并且最终所有的成分都作为预测到的顶层节点的子节点出现或句子中的终结符直接作为开始符的子节点出现,则整棵树建立完毕。一个句子可能会生成多棵候选解析树。

在构建上述解析树的过程中,要依赖于一些假设规则的引入。若引入的假设规则不合理,则整棵树也不合理。这一步骤就是要在构建候选解析树的过程中对引入的假设规则进行验证,并最终选择一棵最优的解析树。对引入的新规则要进行各项合法性检查,以保证新加入的文法不影响已有文法的性能。

在对加入文法库中的新规则进行各种检查及处理后,就可以将新扩展的文法加入核心文法库中,并对预测模型进行更新,用于下一次的文法扩展过程。

下面将详细介绍基于种子的语义文法学习的主要步骤。

4.5.1 基于种子文法的部分解析

基于文法的解析器的主要功能为依据构造的语义文法对句子进行解析,并从解析结果中抽取句子中的语义成分,生成句子的语义表示。

第 2 章已经介绍了一个基本的文法解析器(即 STM 算法),为了支持系统中的各个模块调用,本章还为文法解析器设定了不同的解析模式,分别为精确解析模式、模糊解析模式、部分解析模式和支持文法检查的解析模式。

(1)精确解析模式

与传统的语法解析器一样,此解析模式要求对输入的句子产生一棵完整的解析树,且解析树要能够覆盖句子中的所有词,而不允许跳过或忽略任何词。启用这种模式时,要求所调用的文法规则中不含有通配符,这种解析模式通常适用于较严格的场合下,比如要求用户输入身份证号码、电话号码等,这些情况都要求系统能够精确匹配用户的查询句子。

（2）模糊解析模式

在解析过程中，解析器可以跳过一些词或使用通配符规则，这一解析模式产生的解析树不要求覆盖句子中的所有成分。这种解析模式下，系统可以调用含有或者不含有通配符的文法规则。这种解析模式对于用户的输入较为宽松，能够容忍一些用户的输入冗余或错误。这是系统的默认解析模式。

（3）部分解析模式

所有的非终结符都可以作为树的根节点，一个句子可能产生多组部分解析结果，每组解析结果由多棵部分解析子树组成。在这种解析模式下，系统不要求最终的解析树只有一个根节点。

（4）支持文法检查的解析模式

这种解析模式式主要用于对新加入的文法规则的冗余检测、歧义检测等。在这种解析模式下，输入串不是用户查询的句子，而是由终结符与非终结符组成，可使用一个向量表示。向量的每一维用二元组（$type$，$string$）表示，其中，$type$ 的值可以为词典中终结符（In-vocabulary Terminal）、未登录（Out-vocabulary Terminal）、非终结符（Nonterminal）。

改进后的文法解析（XSTM）算法如图 4.6 所示。

与第 2 章所介绍的 STM 算法不同的是，在 XSTM 算法中，首先判别解析模式，若解析模式为精确解析，则需要将含有通配符的文法规则从当前引用的文法中移除；若为文法检查模式，则需要跳过步骤（5）（即不需要去除停用词）；若为部分解析模式，并且得到的解析结果不在顶层节点列表中，则直接返回部分解析结果。

在文法扩展学习时，需要开启解析器的部分解析模式，即所有的非终结符都可以作为分析树的根节点。在此模式下，对句子进行解析，生成部分解析结果。部分解析结果由未能解析的词（即OOV 词）、部分词序列对应的解析子树等组成。

Algorithm　eXtended Semantic Template Matching（XSTM）algorithm

Input：orderly word sequence of question：QWs，$topn = 1$
　　　　$topNodeList$，$MatchMode$，$G(templates)$

Output：$topn$ query focuses in the problem ontology：$ListFocus$，$partialResult$.

Begin

（1）　if $MatchMode = AccuMode$ then

（2）　　filterRules（G，$wildcard$）；　　//remove rules with wildcards

（3）　if $MatchMode = CheckingMode$ then

（4）　　go to s1；

（5）　Remove redundant words from QWs based on redundancy dictionary，the result is $CQWs$；

（6）s1：**For** $i = 1$ **to** $length(CQWs)$ **do**

（7）　　Use words or word classes in $CQWs[i]$ to select templates from template collection indexed by words and word classes，temporary template collection is：$WPs_{CQWs[i]}$；

（8）　　**For** $j = 1$ **to** $length(WPs_{CQWs[i]})$ **do**

（9）　　　Call **QTM_Filter**（$CQWs$，$WPs_{CQWs[i]}[j]$），**if** $true$ is returned，add $WPs_{CQWs[i]}$ to candidate template collection $WPCands$；**else continue**；

（10）　**End**；

（11）　**End**；

（12）　**For** $k = 1$ **to** $length(WPCands)$ **do**

（13）　　Call **XMatchScore**（），insert query focus corresponding to $WPCands[k]$ into ListFocus and partialResult orderly according to match score value；

（14）　**End**；

（15）　　$topFlag = checkTop(listFocus，topNodeList)$；

（16）　　If（$MatchMode = partialMode$ && $topFlag = false$）

（17）　　　return $topn$ of $partialResult$；

（18）　If $length(ListFocus) > topn$，**then return** $topn$ query focuses，**else return** all in $ListFocus$.

（19）　**End**.

End.

图 4.6　改进后的文法解析（XSTM）算法

　　例如,一个用户的查询句子为

　　　　请问周五从北京到深圳飞机有哪些?

在解析器的精确解析模式下,不能对上述句子生成一个完整的解析树。启用部分解析模式,得到部分解析结果,如图 4.7 所示。

图 4.7　句子部分解析结果示例

　　部分解析模式可能生成多组解析结果,每一组由子树序列和未能解析的词构成,再进入到下一步骤之前,需要从多组解析结果中选择最佳的一组。在 XSTM 算法中,我们除了采用与 STM 算法中类似的特征来设计打分函数外,还要综合考虑下面几个特征来选择最佳的一组部分解析结果。

　　【特征 4.1】 部分解析树对句子的覆盖度($PCoverage$)。部分解析树对句子的覆盖度越大,部分解析结果越优先。

　　部分解析树对句子的覆盖度是指解析树所包含的词的个数与句子中所有词的个数之比。比如,对于句子:

　　　　周五有哪些班次?

产生了两组解析结果,分别如图 4.8 和图 4.9 所示。依据上述定义,可以看出,图 4.9 中的解析树对句子的覆盖度大于图 4.8 中的覆盖度。

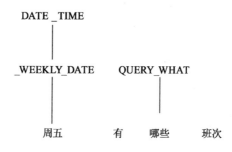

图 4.8　部分解析结果 1

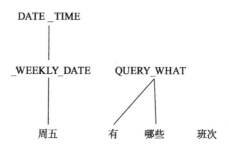

图 4.9　部分解析结果 2

【**特征 4.2**】　一组部分解析树中的分支数（*NFrage*）。分支数越少，部分解析结果越优先。

部分解析树中的分支数是指一组部分解析结果中，所有子树的数目。比如，同样对上例中的句子，产生了图 4.10 所示的部分解析结果。

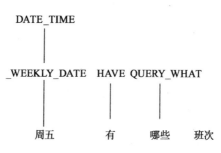

图 4.10　部分解析结果 3

与图 4.10 中的部分解析结果相比,图 4.9 中的部分解析结果
(分支数为 3)比图 4.10 中的解析结果(分支数为 4)包含了更少的
分支数。

【特征 4.3】　解析树中使用的通配符数(*NWildcard*)。通配符
数越少,部分解析结果越优先。

当两组解析结果对句子具有相同的覆盖度及相同数目的分支
数时,一组解析结果没有使用通配符(通配符是语义文法规则中的
一种特殊的非终结符,可以用来覆盖 OOV 词)或较另一组解析结
果使用了更少的通配符,则倾向于选择使用通配符较少的那组解
析结果。比如,图 4.11 给出了另一种部分解析结果。

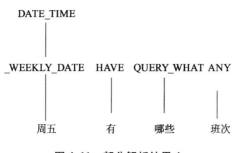

图 4.11　部分解析结果 4

与图 4.10 相比,图 4.11 中的部分解析结果具有相同的覆盖度
和分支数,但图 4.11 中使用了通配符规则,所以更倾向于选择
图 4.10 中的解析结果。

在设计打分函数时,可以给上述几个特征赋予不同的权重。
表 4.1 列出了一个本系统所使用的权重,其中的 $MatchScore_{STM}$ 一行
表示由第 2 章中的打分函数得到的分值。这些权重是在实验过程
中经过不断的调试得到的。从表 4.1 可以看到,权重的数值相差
较大,相当于形成了一个层次型的打分函数,即只有当两个解析结
果的 $MatchScore_{STM}$ 打分值相同或相近时,下一级覆盖度启发式规则
才会起作用,其他类同。

表 4.1 打分函数中的特征权重

特征	权重
$MatchScore_{STM}$	1
$PCoverage$	0.5
$NFrage$	0.1
$NWildcard$	-0.2

最终的打分函数定义如下：

$$XMatchScore = w_1 \cdot MatchScore_{STM} + w_2 \cdot PCoverage +$$
$$w_3 \cdot NFrage + w_4 \cdot NWildcard \tag{4-1}$$

式中，$MatchScore_{STM}$ 表示第 2 章所介绍的使用 STM 算法得到的打分数值；$PCoverage$ 表示部分解析树对句子的覆盖度；$NFrage$ 表示部分解析树的分支数；$NWildcard$ 表示部分解析树中所使用的通配符数；w_i 为各个特征对应的权重。

在确定一组部分解析结果后，需要应用训练好的预测模型（Prediction Model），得到按可能性排序的对应于整个句子的根节点列表，若最有可能的根节点的置信度大于设定阈值，则不需要与用户进行交互；否则，将列表展示给用户，由用户来选择其一作为最佳的根节点。所以本书为了确保文法扩展的准确性和有效性，有些过程是需要与人工进行交互的。

4.5.2 预测模型构建

可以使用 N-Gram 语言模型或通用的分类器如 SVM 构建预测模型。下面以 N-Gram 语言模型为例说明预测模型的构建过程。

有两类依赖关系需要使用预测模型来刻画，其所对应的模型分别称为纵向预测模型和横向预测模型。

① 纵向预测模型用来刻画语法树中节点间的嵌套关系。比如，DEPARTURE_INFO 倾向于作为 ROUTE 的子节点，而 ROUTE 倾向于作为 QUERY_FOR_BUY_TICKET 的子节点。

② 横向预测模型用来刻画语法树中节点间的邻接关系。比如，在作为 ROUTE 的子节点时，ARRIVAL_INFO 总是与 DEPATURE_INFO邻接。

预测模型需使用树库进行训练。树库可以来源于多种途径：① 利用核心语义文法的生成能力产生的树库；② 在与用户的交互过程中解析正确的句子，以及初始解析失败，但经过文法学习后解析成功的句子，记录下这些句子所对应的解析树，并形成用户树库；③ 由人工依据语义文法手工标注句子所形成的树库。

纵向预测模型刻画了解析树中节点之间的嵌套关系。预测模型的词典包含树库中的所有终结符和非终结符。事件包括从树库的解析树中抽取出的自底向上的所有路径，比如句子：

周五从北京到深圳航班有哪些？

对应的一棵解析树如图 4.12 所示。

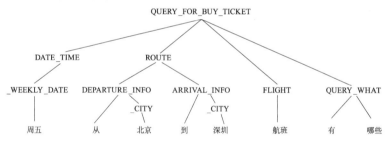

图 4.12 解析树示例

从图 4.12 的解析树中抽取出的嵌套关系包括：

```
<周五,<_WEEKLY_DATE>,<DATE_TIME>,<QUERY_FOR_BUY_TICKET>>
<从,<DEPATURE_INFO>,<ROUTE>,<QUERY_FOR_BUY_TICKET>>
<北京,<_CITY>,<DEPATURE_INFO>,<ROUTE>,<QUERY_FOR_BUY_TICKET>>
<到,<ARRIVAL_INFO>,<ROUTE>,<QUERY_FOR_BUY_TICKET>>
<深圳,<_CITY>,<ARRIVAL_INFO>,<ROUTE>,<QUERY_FOR_BUY_TICKET>>
<航班,<FLIGHT>,<QUERY_FOR_BUY_TICKET>>
<有,<QUERY_WHAT>,<QUERY_FOR_BUY_TICKET>>
<哪些,<QUERY_WHAT>,<QUERY_FOR_BUY_TICKET>>
```

一个文法对应一个纵向预测模型。

横向预测模型刻画了在给定父节点的情况下,文法节点间的邻接关系。每一个非终结符都对应一个横向预测模型。横向预测模型的词典为文法中的所有终结符和非终结符,事件为从树库中抽取出的给定非终结符下的子节点有序序列。

比如,从图4.12中抽取出如下训练实例:

```
对于< QUERY_FOR_BUY_TICKET >,抽取的事件包括:
  -<<DATE_TIME >,<ROUTE >,<FLIGHT >,<QUERY_WHAT > >
对于<ROUTE >,抽取的事件包括:
  -<<DEPATURE_INFO >,< ARRIVAL_INFO > >
对于<DATE_TIME >,抽取的事件包括:
  -<<_WEEKLY_DATE > >
对于<WEEKLY_DATE >,抽取的事件包括:
  -<周五 >
对于<DEPATURE_INFO >,抽取的事件包括:
  -<从,_<CITY > >
对于< ARRIVAL_INFO >,抽取的事件包括:
  -<到,_<CITY > >
对于<FLIGHT >,抽取的事件包括:
  -<航班 >
对于<QUERY_WHAT >,抽取的事件包括:
  -<有,哪些 >
```

基于抽取出的事件库分别训练出两个 N-Gram 模型。由于我们的目标是要预测部分解析结果的顶层概念节点,并且在第2章已经指出,本书对通用型语义文法限制了嵌套层次,暂时不用考虑预测中间节点的情形。所以在训练时,我们只需要抽取与顶层节点相关的事件,以及针对顶层节点的预测模型。

对于前述步骤得到的部分解析结果,根据预测模型得到可能的父节点。具体来说,对于给定的部分解析结果序列 $e = <e_1, e_2, \cdots, e_m>$($e_i$ 为终结符或解析子树),对于每一个问题本体中的概念(即顶层节点)使用纵向预测模型可计算出一个分值,定义如下[42]:

$$P_{Hypo}(NT_i \mid e) = \sum_{j=1}^{m} P_{Hypo}(NT_i \mid e_j) \tag{4-2}$$

$$NT_i \in \{\text{concepts in problem Ontology}\}$$

文法中的顶层节点均可以计算出一个分值,使用向量 V_H 表示。

同时,根据横向预测模型,对于每一个问题本体中的概念(即顶层节点)也可计算出一个分值,定义如下:

$$P_{Para}(NT_i \mid e) = \sum_{j=1}^{m} P_{Para,NT_i}(r(e_j) \mid r(e_{j-(k-1)}) \cdots r(e_{j-1})) \tag{4-3}$$

$$NT_i \in \{\text{concepts in problem Ontology}\}$$

其中

$$r(e_j) = \begin{cases} e_j & : e_j \text{ is a terminal} \\ root(e_j) & : e_j \text{ is a tree} \end{cases} \tag{4-4}$$

式(4-4)的含义是利用每一个 NT_i 的横向预测模型,计算窗口大小为 k(实验表明,窗口大小 k 取值为 4 为最佳)、由终结符和子树组成的子序列概率,将这些概率累加得到:子节点为 $e_{j-(k-1)}, \cdots, e_{j-1}(1 \leqslant j \leqslant k)$,父节点为 NT_i 的概率。类似可求得所有 NT_i 的概率,并使用向量 V_P 表示。

最终,可融合上述两种模型的预测结果,定义如下:

$$V(i) = \lambda \cdot V_H[i] + (1-\lambda) \cdot V_P[i]$$

$$\forall i : 1 \leqslant i \leqslant |\{\text{concepts in problem Ontology}\}| \tag{4-5}$$

式中,参数 $\lambda (0 \leqslant \lambda \leqslant 1)$ 可通过实验进行调整得到最优值。根据预测模型的结果,选择分值最大的开始符作为句子的预测顶层概念节点或与人工交互得到最佳的顶层概念节点。

当然,抽象来说,预测模型也可以看作一个分类器,即根据以往的解析数据及当前的部分解析结果,分类得到部分解析结果所对应的顶层概念节点。还可以利用 KNN 方法,依据与其语义相似的 N 个句子的顶层节点来预测当前句子的顶层节点,这种方法涉及句子语义相似性计算等技术。

4.5.3 解析树构建

根据部分解析结果,试图构建句子的完整解析树。此步骤包括如下几个子步骤:

(1) 获取顶层概念结点

句子所对应的顶层概念节点可使用两种方式获取得到:① 通过与人交互方式获取(Interactive Method);② 利用部分解析结果及预测模型,预测最有可能的顶层概念节点(Using Prediction Model)。

在增量式学习范式下,以上两种方式可同时在系统中使用,融合以上两种方法的流程如图 4.13 所示。系统首先使用预测模型预测可能的顶层概念节点,当预测得到的顶层概念节点的置信度小于设定阈值时,则通过人工交互方式获取。在与人工交互时,为了交互界面的友好性,系统只取前 $topn$(如 $topn = 5$)个预测到的顶层节点展示给用户;否则直接使用预测模型得到的结果。

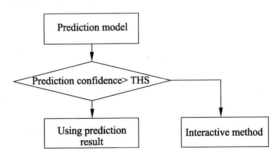

图 4.13 增量式获取顶层概念节点流程

而在批量式文法扩展学习范式下,系统只依赖预测模型来选择顶层概念节点。

(2) 选择待扩展规则

预测的顶层节点所对应的规则可能有多条,需要依据部分解析结果从中选择一条最合适的规则进行扩展,本书按照下面的策略进行选择。

【策略 4.1】 若某规则的 RHS 中存在一个或多个关键概念与部分解析结果中的一个或多个概念相匹配,那么优先选择该规则作为待扩展规则。

【策略 4.2】 若某规则的 RHS 中存在一个或多个动词性非终结符与部分解析结果中的一个或多个动词性节点相匹配,那么优先选择该规则作为待扩展规则。

【策略 4.3】 规则的 RHS 中的非终结符或终结符与部分解析结果匹配的数量越多,那么优先选择该规则作为待扩展规则。

上述策略按照优先级进行排列,只有前面的策略没法区分时,才使用后面的策略进行选择。

(3) 构建完整解析树

利用前述步骤获取到的句子的顶层概念节点及领域本体,构建句子的完整解析树。构建完整解析树的过程包括自上而下和自下而上两个子过程:① 自上而下过程。依据建立的领域本体及其他信息,对句子中未能解析的部分,为父节点选择合适的子节点以覆盖这些部分。② 自下而上过程。利用未能解析部分的语境信息,根据预测模型及领域本体,预测可能覆盖此部分的中间节点。

下面引入两个定义:

【定义 4.1】 (Pre-terminal 型规则) Pre-terminal 型规则指 RHS 为具体的词条、LHS 为语义词类所对应的非终结符的规则。

【定义 4.2】 (Non-terminal 型规则) Non-terminal 型规则指 RHS 由非终结符、终结符等组成,LHS 为非 pre-terminal 的非终结符的规则。

在构建解析树时,主要包括以上两种类型规则的扩展。

① 扩展 pre-terminal 型规则。扩展 pre-terminal 型规则的时机主要包括:

a. 核心文法库中某条规则的 RHS 中存在某个 Pre-terminal 型非终结符在句子中没有找到匹配部分,且句子中存在 OOV 词(集外词)。

b. 核心文法库中某条规则的 RHS 需要插入一个已有的 Pre-terminal 型非终结符,且句子中存在 OOV 词。

在扩展此类型规则时,有下面的一些启发式策略。

【策略4.4】 对于概念节点,优先匹配名词或名词性实体。概念节点是指系统所关心领域的领域本体中的概念节点。名词性实体可由 NP Chunker 标注得到。

【策略4.5】 对于动词性非终结符,优先匹配动词。所谓动词性非终结符,是指由此非终结符所能推导出的终结符(即词)大部分为动词(这些终结符构成一个集合),可用动词占该集合的比例来确定其是否为动词性非终结符,若该比例大于设定阈值,则认为其是一个动词性非终结符;反之,则不是。若未匹配部分有动词,且存在动词性非终结符未找到匹配成分,则动词性非终结符优先匹配该动词。这一原则的使用要依赖于对句子的词法分析结果。

【策略4.6】 类似的,对于其他非终结符,也按照其对应的词的词性来有选择地匹配。如对于介词性非终结符(即非终结符推导出的词大部分为介词,以下类同)、形容词性非终结符等分别匹配具有相同性质的词或短语。

② 扩展 Non-terminal 型规则。扩展 Non-terminal 型规则的时机包括:

a. 若句子中有成分还未能建立到顶层概念节点的连通路径,且解析树中已扩展规则的 RHS 中不存在可以覆盖此部分的非终结符,则需在解析树中的某条规则的 RHS 中插入非终结符,以便能够覆盖未匹配的部分。

b. 若某条引入规则的 RHS 还存在必选成分没能匹配句子中的成分,则需扩展此条规则:重新设置原有规则中成分的性质(可选/必选),可以在扩展的规则中将此成分设置为可选。

在已有规则的 RHS 中插入非终结符时,主要有下列几种策略来选定可能的非终结符。

【策略 4.7】　必须原则。若某个非终结符与当前考察的规则的 LHS 在领域本体中的关系为"总是必须",且在当前所考察的规则中没有出现该非终结符,则将该非终结符插入规则中。这样的非终结符可能有多个,多个候选非终结符对应着规则的多种扩展方式。

【策略 4.8】　动词原则。若未匹配成分为动词,则选择具有动词性质的非终结符插入。

【策略 4.9】　非必须原则。若某个非终结符与当前考察的规则的 LHS 在领域本体中的关系为非"总是可选",且在当前所考察的规则中没有出现该非终结符,则将该非终结符插入规则中。需要注意的是,这样的非终结符可能有多个。多个候选非终结符对应着规则的多种扩展方式。

【策略 4.10】　利用语境预测原则。利用未匹配成分周围已匹配的信息预测可能的非终结符(横向预测模型),将最有可能的非终结符插入到当前考察的规则的 RHS 中。

【策略 4.11】　总是可选原则。若某个非终结符与当前考察的规则的 LHS 的在领域本体中的关系为"总是可选",且在当前所考察的规则中没有出现该非终结符,则将该非终结符插入规则中。需要注意的是,这样的非终结符可能有多个。多个候选非终结符对应着规则的多种扩展方式。

可给上述的几种选择策略定义一个优先级。在选择插入非终结符时,按照优先级的高低使用几个策略,当高优先级的策略使用失败后,才考虑下一种策略。

4.5.4　解析树寻优及规则扩展

上述步骤构建的解析树可能有多棵,在构建解析树的过程中,要依赖于一些新规则(规则假设)的引入。若引入的假设规则不合理,则整棵树也不合理。这一步骤就是要对在构建解析树过程中引入的规则假设进行验证,并选择一棵最优的解析树。总体来说,寻优过程可用图4.14来表示。

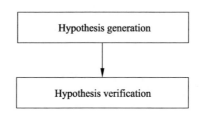

图 4.14　解析树寻优流程

对于每一棵候选的解析树,均须经过下面两个步骤:

（1）产生规则假设集（Generating Hypothesis）

从构建的解析树中抽取新扩展的规则,形成规则假设集合,集合中主要包括 Pre-terminal 型规则和 Non-terminal 型规则。

（2）验证规则假设集（Verifying Hypothesis）

对规则假设集合中的所有规则进行验证。若规则集中的任一条规则验证失败,则认为整棵树构建不合理,验证失败。

针对两种类型的规则分别采用不同的验证方法。

4.5.4.1　Pre-terminal 型规则的验证方法

具有相同 LHS 的 Pre-terminal 型规则的 RHS 通常是一些同义词,这些词具有相同或相似的领域含义。新扩展的 Pre-terminal 型规则的 RHS 也需具有这样的性质:与具有相同 LHS 的 Pre-terminal 型规则的 RHS 具有相同或相似的含义。可引入相似性函数计算一个词与一个词的集合（已存在的同义词类下的词）的相似度。若不相似,则新扩展的规则无效;反之,则认为验证成功。

一个词与一个词集合的相似性定义如下:

$$\text{sim}(W, w_t) = \frac{\sum_{w_i \in W} f(\text{sim}(w_i, w_t))}{|W|} \quad (4\text{-}6)$$

$$f(t) = \begin{cases} 0 & t < threshold \\ 1 & t \geqslant threshold \end{cases} \tag{4-7}$$

式中,W 为已有的同义词集合;w_t 为新增规则的 RHS。

相似度度量方法可基于词的语境分布,计算词之间的 KL 距离(距离越小,相似度越高),如:

$$D(p_1 \parallel p_2) = \sum_{i=1}^{V} p_1(i) \log \frac{p_1(i)}{p_2(i)} \tag{4-8}$$

式中,p_1,p_2 分别对应着两个词的语境概率分布。

为了使距离值对于两个词具有对称性,可修改距离公式为

$$\text{Dist}(p_1 \parallel p_2) = D(p_1 \parallel p_2) + D(p_2 \parallel p_1) \tag{4-9}$$

相似度可相应地定义如下:

$$\text{sim}(e_1, e_2) = 1/\text{Dist}(e_1 \parallel e_2) \tag{4-10}$$

根据语义相似度公式(4-10),计算两两词项的语义相似度。

4.5.4.2 Non-terminal 型规则的验证方法

对于规则 $L \to R$(L 指重写规则的左边部分,R 指重写规则的右边部分),首先引入下面几个定义。

【定义 4.3】 (子生成语言 Gen(R))子生成语言 Gen(R)是定义在 $(\Sigma)^*$ 上的子语言,即将规则 R 中的所有非终结符重写为终结符,根据规则的 Control-constraint,生成的所有符号串由终结符组成的。Σ 指由所有终结符组成的集合。

Control-constraint 包括规则的有序或无序匹配控制,比如下面的规则中,大写字母表示非终结符,小写字母表示终结符。例如:

A→B d E (Control-constraint:无序)

B→b_1 | b_2

E→e_1 | e_2

上述第一条规则对应的部分 Gen(R)如下所示:

$$
\begin{array}{ll}
(1)\ b_1\ d\ e_1 & (2)\ b_1\ e_1\ d \\
(3)\ d\ b_1\ e_1 & (4)\ d\ e_1\ b_1 \\
(5)\ e_1\ b_1\ d & (6)\ e_1\ d\ b_1 \\
(7)\ b_2\ d\ e_1 & (8)\ b_2\ e_1\ d \\
(9)\ d\ b_1\ e_1 & (10)\ d\ e_1\ b_1 \\
(11)\ e_1\ b_1\ d & (12)\ e_1\ d\ b_1 \\
(13)\ \cdots &
\end{array}
$$

【定义 4.4】 （扩展集 $\exp(R)$ ）扩展集 $\exp(R)$ 是定义在 $(\varSigma \cup V)^{*}$ 上的子语言，即不需要将 R 中的非终结重写为终结符，只需要根据规则的 control-constraint，生成的所有符号串由非终结符或终结符组成。V 指由所有非终结等组成的集合。

比如，对于上述例子中的规则，所对应的 $\exp(R)$ 包括：

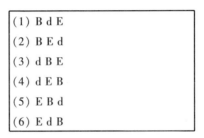

$$
\begin{array}{l}
(1)\ B\ d\ E \\
(2)\ B\ E\ d \\
(3)\ d\ B\ E \\
(4)\ d\ E\ B \\
(5)\ E\ B\ d \\
(6)\ E\ d\ B
\end{array}
$$

【定义 4.5】 （文法歧义）假设新加入的规则为 $L \rightarrow R$，由 R 生成的子语言为 $\mathrm{Gen}(R)$，若对于任意 s 属于 $\mathrm{Gen}(R)$，s 可以由现有文法解析，假设解析的文法形式为 $L1 \rightarrow R1$，若 $L1\ != L$，则认为新加入的文法引入了歧义。

【定义 4.6】 （文法冗余）假设新加入的规则为 $L \rightarrow R$，由 R 生成的子语言为 $\mathrm{Gen}(R)$，对于现有文法库中的任意规则 $L1 \rightarrow R1$，若 $\mathrm{Gen}(R)$ 属于 $\mathrm{Gen}(R1)$，并且 $L1 == L$，则认为新加入的规则是冗余的。

下面用 $P(s, L)$ 表示符号串 s 可以由 LHS 为 L 的规则匹配。

歧义检测:按照歧义的定义来检测新规则是否引入歧义,需要穷尽生成 R 的所有子语言,并且要把该子语言集合中的所有句子使用现有文法进行解析,其效率会非常低。

歧义检测改进方法:对于 R 的所有扩展集 $\exp(R)$,利用现有文法对其使用解析器 XSTM 支持的文法检查解析模式进行解析,若对于任意 r 属于 $\exp(R)$,可以由现有文法解析,假设解析的文法形式为 $L1 \rightarrow R1$,若 $L1! = L$,则认为新加入的文法引入了歧义。这一方法的优点是 $\exp(R)$ 的规模较 $\text{Gen}(R)$ 小很多,提高了效率。

若检测到新扩展的文法与现有文法库中的文法规则有歧义,则需要与人工进行交互,以确定此文法是否为"多义",而不是引入了"歧义"或错误。

冗余检测:按照定义来检测新规则是否冗余,需要穷尽生成 R 的所有子语言,并且要把该子语言集合中的所有句子使用现有文法进行解析,其效率非常低。

冗余检测改进方法:对于 R 的所有扩展集 $\exp(R)$,利用现有文法对其使用解析器 XSTM 支持的文法检查解析模式进行解析,若对于任意 r 属于 $\exp(R)$,都可以由现有文法解析,假设解析的文法形式为 $L1 \rightarrow R1$,若 $L1 = L$,则认为新加入的文法引入了冗余。

Non-terminal 型规则的总体验证流程如图 4.15 所示。

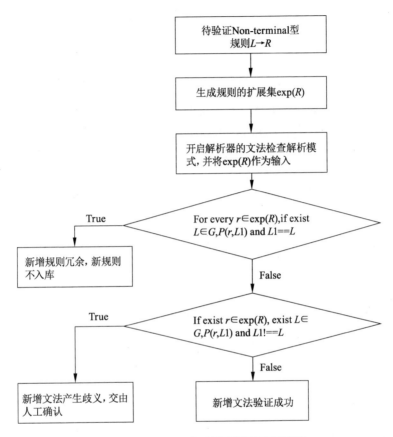

图 4.15　Non-terminal 型规则的验证流程

4.5.5　文法库管理

在将新文法规则加入文法库之前,需要对新规则进行适当的垂直概化处理与平行概化处理。

(1)垂直概化处理

利用本体中的 isa 关系(本体中的上下位关系)对规则中涉及的概念进行适当的概化,以便能够最大限度地提高新扩展的规则的覆盖度。

比如:在文法扩展学习过程中,扩展得到一条规则如下:

(r1) 业务开通→怎么词类 开通词类 彩铃业务

利用本体中的 isa 关系"彩铃业务 isa 通信业务",对上述规则进行概化处理得到:

(r1') 业务开通→怎么词类 开通词类 通信业务

经过概化处理后的文法规则的抽象程度比原先规则的要高,可以覆盖更多的句子。

(2)平行概化处理

依据领域本体,若某个新插入的成分在原来的文法中对于当前新增规则的 LHS 来说,总是作为可选出现,则在新增加的规则中也将其设置为可选。

比如,在文法扩展学习过程中,扩展得到一条规则如下:

(r2) 业务开通→怎么词类 开通词类 通信业务

在已有的核心文法中,"怎么词类"总是作为可选成分出现在 LHS 为"业务开通"的规则的 RHS 中,所以可对新增的规则进行平行概化,得到:

(r2') 业务开通→[怎么词类] 开通词类 通信业务

其中的方括号"[ ]"表示其中的成分在规则规约时是可选匹配的,比如下述句子:

开通彩铃业务

可以由规则(r2')解析,但却不能用规则(r2)解析。扩展后的规则的覆盖度得到增强。

总的来说,语义文法扩展学习(SGE)算法如图 4.16 所示。

Algorithm Semantic Grammar Extending（SGE）algorithm

输入：应用精确和模糊解析模式解析失败的自然语言句子 s

输出：扩展规则集

Begin

（1）启用部分解析模式，依据打分函数，选择得分最高的一组部分解析结果；

（2）根据部分解析结果及预测模型，预测可能的顶层节点；

　　若 学习范式 = 增量学习

　　　当预测模型得到的分值小于设定阈值时，需要与人工进行交互确定最佳的顶层节点；

　　若 学习范式 = 批量学习

　　　取预测概率值最大的顶层节点；

（3）构建解析树，依据预测的顶层节点及一些启发式原则，试图为句子构建完整的解析树；

（4）解析树寻优，步骤（3）中完整解析树可能包括多个，依据规则验证的方法，判别所扩展的规则是否正确，过滤掉包含错误或不合法的规则的解析树；

　　若 学习范式 = 增量学习

　　　将验证通过的规则交由人工确认，若确认规则没有错误，则进入下一步，否则将此规则从候选规则集中删除；

（5）对通过验证的文法规则进行后处理，包括垂直概化和平行概化处理；

（6）更新文法库；

（7）更新预测模型。

End.

图 4.16　语义文法扩展学习（SGE）算法

4.6　文法扩展学习范式

　　文法扩展学习有两种应用范式，如图 4.17 所示。下面将详细介绍这两种学习范式。

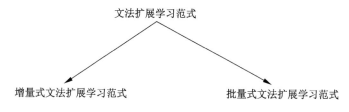

图 4.17 文法扩展学习应用范式分类

4.6.1 批量式文法扩展学习范式

批量式学习范式,顾名思义,就是由用户事先提供一批语料,在不需要人工干预的情形下,批量地完成整个学习过程。同时,我们认为并不是所有句子都适合作为文法学习的训练语料,需要有一种机制能够自动地甄别出那些适合用来学习的句子,这样就能"有的放矢"地学习,提高学习效率。在这种学习范式中,首先按照下面的流程对用户提供的语料进行预处理。

【**定义 4.7**】 (可学习性)可学习性是指在文法扩展学习算法中,对句子作为学习对象的一种度量,可学习性高的句子能够以较高的效率学习到新的正确的文法规则;反之,可学习性低的句子一般用来学习文法规则的效率较低。

经过上述预处理过程,系统对所有文法分析失败的句子进行"可学习性"评价,得到一个按照句子的评分高低进行排序的队列。

在图 4.18 中的步骤(3),系统对于解析失败的句子计算一个可学习性得分,句子的可学习性可从下面一些方面进行度量。

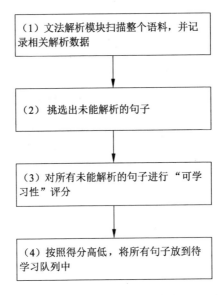

图 4.18   语料预处理流程

【**特征 4.4**】 句子的复杂性。我们认为,一个句子越复杂,基于这样的句子进行文法扩展学习时,学习到的规则将不具有一般性。句子的复杂性函数 $f_{complex}(s,G)$ 定义如下:

$$f_{complex}(s,G) = length(s) + branch(s,G) \qquad (4\text{-}11)$$

式中,$length(s)$ 表示句子的长度;$branch(s,G)$ 表示利用核心文法 G 对句子 s 进行部分解析时,具有最高得分的部分解析树的分支数目。这个函数主要是基于这样的直观想法:句子越长,那么它的结构就越复杂,用于描述它的文法规则也越复杂。另外,在进行部分解析时具有最大得分的部分解析树的分支越多,说明句子越复杂。复杂性越高的句子,其可学习性越差。

【**特征 4.5**】 预测顶层节点的概率(Probability of Predicted Top Concept)。由语料的预处理过程可知,系统将会对所有句子进行初步分析,并记录下解析结果。其中,利用部分解析结果预测的顶层概念节点的最大的概率可作为句子可学习性的依据,概率越

小,说明系统对于预测的概念节点的可信度越低,基于此扩展的规则的可信度也越低,用式(4-12)表示:

$$P_{top}(s,G) = \mathrm{MAX}\{probability(root) \mid root \in predictlist_{s,G}\}$$

$$(4\text{-}12)$$

式中,$predictilist_{s,G}$表示系统依据当前的核心文法 G 预测的句子 s 的所有顶层概念节点集合;$probability(root)$表示概念节点 $root$ 的预测概率。

【特征4.6】　未登录词数。若句子的未登录词数越多,对于句子的理解难度越大。文法学习的过程与人类似,当人面对一个只有少数的不认识或不理解的字或词的句子时,可以根据词的上下文语境猜出大概的含义,但若一个句子中有很多词不认识时,将很难猜出这些词的含义。用式(4-13)来表示:

$$N_{oov}(s,G) = \sum_{w \in s} OOV(w,G) \qquad (4\text{-}13)$$

式中,当词 w 是一个集外词时,$OOV(w,G)=1$;反之,$OOV(w,G)=0$

　　基于上面的三个特征,本书将评价一个句子的可学习性的函数 $f_{learnable}(s,G)$ 定义如下:

$$f_{learnable}(s,G) = \alpha \cdot N_{oov}(s,G) + \beta \cdot P_{top}(s,G) + \gamma \cdot f_{complex}(s,G)$$

$$(4\text{-}14)$$

式中,s 为待评分的句子;G 为系统当前的核心语义文法;$N_{oov}(s,G)$ 表示句子 s 中的未登录词数;$P_{top}(s,G)$ 表示依据核心文法预测的句子 s 的顶层节点的最大概率;$f_{complex}(s,G)$ 表示句子复杂性度量。按照各个特征的重要度,分别乘以相应的系数,各系数在本书中的取值如下:$\alpha = -0.2, \beta = 0.5, \gamma = -0.3$。

　　下面给出批量式学习(GBE)算法的框架描述,如图 4.19 所示。

Algorithm　　Grammar Batch-Extending（GBE）algorithm

输入：

　　　U：使用现有核心文法分析失败的句子集合；

　　　L：经人工标注的标准测试集；

　　　G：系统的核心文法；

输出：扩展后的文法 G；

Begin

1. $RepeatTimes = 1000$；　　　　　　　　　//学习迭代次数阈值

2. Repeat：

3. 　　$N \leftarrow select(U, G, f_{learnable})$；　　　//选择"可学习性"最好的句子

4. 　　$G1 \leftarrow SGE(N, G)$；　　　　　　　//文法扩展学习 SGE

5. 　　$U \leftarrow U - N$；

6. 　　$G \leftarrow G + G1$；

7. 　　$RepeatTimes --$；

8. Until $TEST(L, G) > THRESHOLD$ or（U is empty）or（$RepeatTimes < 0$）；

9. Return G；

End.

图 4.19　批量式学习（GBE）算法

　　在可用于文法学习的句子集合中，GBE 算法每次都是选择"可学习性"评价得分最高的句子进行文法扩展学习，并将学习到的文法规则加入到文法库中，直至扩展后的文法在标准测试集上的测试性能（如准确率）达到了设定阈值，或者用于学习的句子集合为空，或者达到了学习迭代次数限制，并最终返回一个更新后的文法库。批量处理方式的优点是不需要人工参与，学习效率较高，但带来的结果是会损失一部分准确度。

　　当然，在实际应用中为了确保更新后的文法库的可靠性，可以再进行一些后处理操作，如可将新添加的规则交由人工检查并确认等。

4.6.2　增量式文法扩展学习范式

　　增量式的学习范式是一种人机交互式的学习模式，由用户输

入查询问题,当系统不能理解用户的输入问题(即不能识别用户问题,不能产生任何解析树)或者系统的理解结果被用户确认为错误时,可以启动文法扩展学习模块,动态学习文法,并在需要的时候与用户进行交互,比如在 4.5.3 节中,当预测分值小于设定阈值时,让用户来选择可能的顶层概念节点。总的来说,增量式的学习范式由于一些系统不太确信的内容交由人工确认,所以其学习到的文法准确性较高,但其缺点也是明显的,即每一个学习过程都需要人工参与,学习效率较低。图 4.20 为增量式学习范式的应用场景。

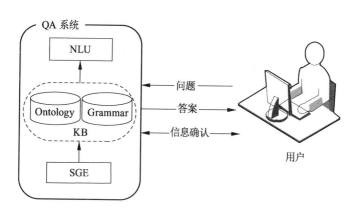

图 4.20　增量式学习范式的应用场景

4.7　学习场景举例

比如,用户输入的查询句子为

为啥我开通动听计划失败?

基于系统的核心文法,经 XSTM 算法分析后,不能生成完整的解析树,得到部分解析树如图 4.21 所示。

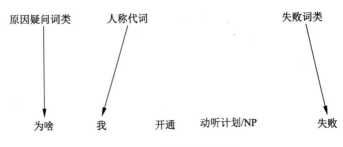

图 4.21 部分解析结果

依据部分解析结果及训练的预测模型,预测到的顶层节点包括业务开通失败原因、业务开通方法等,其中,

$$P(业务开通失败原因 | partialresult) > P(业务开通方法 | partialresult)$$

上式中的 partialresult 表示部分解析结果。按照预测概率的大小进行排列,将预测到的顶层节点展示给用户(增量式学习范式)或直接将概率最大的作为顶层节点(批量式学习范式)。在选择了顶层节点后,按照自上而下的过程,选择合适的顶层节点对应的规则以覆盖整个句子。依据步骤"选择待扩展规则"中的策略 4.2,选取了一条待扩展规则,如图 4.22 所示。

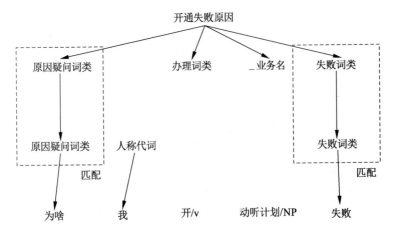

图 4.22 解析树构建过程 1

图 4.22 中的虚线框表示选择的待扩展规则的 RHS 中与部分解析结果相匹配的成分。

按照"扩展 Pre-terminal 型规则"中的策略 4.4,即"概念节点,优先匹配名词或名词性实体",待扩展规则中的"_业务名"为关键概念,没有匹配任何成分,同时,句子中的"动听计划"经 chunk 分析标注为名词短语 NP,因此我们扩展得到一条假设规则:

_业务名→动听计划

扩展规则后,将上、下节点联通,如图 4.23 中在图 4.22 的基础上新增的虚线所示。

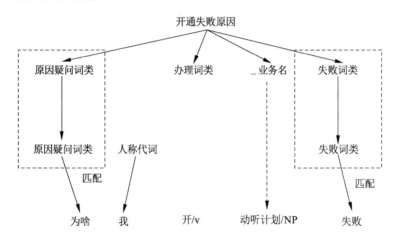

图 4.23　解析树构建过程 2

根据"扩展 Pre-terminal 型规则"中的策略 4.5,即"对于动词性非终结符,优先匹配动词",通过统计发现,"办理词类"是一个动词性非终结符,并且"开"在词性标注阶段标注为动词词性(v),所以扩展得到一条假设规则:

办理词类→开

扩展规则后,将上、下节点联通,如图 4.24 中在图 4.23 的基础上新增的虚线所示。

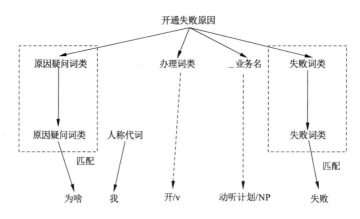

图 4.24　解析树构建过程 3

通过考察领域本体发现,非终结符"人称代词"与"开通失败原因"节点的关系为"OPT"关系,即"总是可选"关系,所以将人称代词插入规则中,扩展得到一条假设规则:

开通失败原因→＜原因疑问词类＞［人称代词］＜办理词类＞
＜＿业务名＞＜失败词类＞

其中,"［］"表示"可选匹配",建立顶层节点与未解析成分间的联通线,如图 4.25 中在图 4.24 的基础上新增的虚线所示。

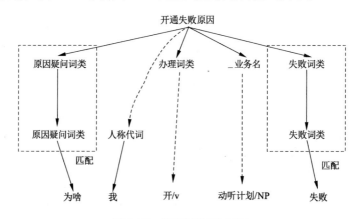

图 4.25　解析树构建过程 4

至此,依据部分解析结果及预测的顶层节点,已经为句子建立了完整的解析树,下面就需要对扩展的假设规则进行验证,经"Pre-terminal 型规则的验证"和"Non-terminal 型规则的验证"步骤均成功。所以最终扩展学习到的规则包括:

(1) _ 业务名→动听计划

(2) 办理词类→开

(3) 开通失败原因→<原因疑问词类>[人称代词]<办理词类>

<_ 业务名><失败词类>

4.8　实验

基于文法扩展学习的两种应用范式,分别对文法扩展学习的效果在两个应用领域中进行了测试,两个应用领域分别为对某银行业务的信息查询及对某通信公司的业务或产品的信息咨询。在增量式学习范式下,我们找了 10 个普通用户分别与系统进行交互,在交互过程中记录相关日志数据。而在批量式学习范式下,本书分别在这两个应用领域构造了数据集。

4.8.1　实验数据描述

用于批量式学习范式的实验数据集有两个,分别是

数据集 1:BSC Data Set,数据集中的问题是关于某个银行的产品或业务的咨询,比如关于如何办理信用卡或汇款手续费等。数据集 1 中包括 10000 个咨询问题。

数据集 2:MSC Data Set,数据集中的问题是关于某个通信公司的产品或业务的咨询,比如关于手机归属地查询或办理通信套餐业务等。数据集 2 中包括 10000 个咨询问题。

在文法扩展学习时,随机抽取其中的一半作为训练集,并将全部数据集作为测试集。

4.8.2 测试指标

（1）增量式学习范式测试指标

在增量式学习范式下，我们主要从下面几个指标来考察系统的学习行为。

① 输入的总句子数（NQuery）：用户提交到系统的总查询数。

② 学习次数（NLearning）：用户提交到系统的查询句子激起系统学习的次数。该数值小于等于一个用户输入的总句子数。

③ 用户与系统平均交互次数（NInteraction）：每次学习过程中系统与用户的交互次数。该数值越小，说明系统的自学习能力越强。

④ 平均给用户的选项数（NChoice）：平均每次学习过程中系统提供给用户的进行选择或确认的选项数。该数值越小，说明系统的自学习能力越强。

⑤ 学习到的规则数（NRules）：学习到的新规则数。

（2）批量式学习范式测试指标

在批量式学习范式下，我们主要考察扩展后的文法对于系统整体性能的影响。用于评价系统性能的指标包括：

① 准确率，公式如下：

$$Accuracy = \frac{\left| \left\{ t \in T \mid rank(TA(t)) = 1, TA(t) \in trees(t) \right\} \right|}{|T|}$$

$$(4\text{-}15)$$

式中，T 表示测试语料；t 表示测试语料中的一个句子；$trees(t)$ 表示系统对句子 t 的所有解析结果，按照解析树的得分高低进行排序；$TA(t)$ 表示句子 t 的正确的解析结果。

② MRR，公式如下：

$$MRR = \frac{1}{|T|} \cdot \sum_{t \in T} \frac{1}{rank(TA(t))} \qquad (4\text{-}16)$$

式中,T 表示整个测试集;$TA(t)$ 表示句子 t 的正确的解析结果;
$rank(TA(t))$ 表示用于计算查询问题 t 的正确分析结果在其所有分
析结果中的排名。其中对 $rank(TA(t))$ 定义如下:

$$rank(TA(t)) = \begin{cases} TA(t)\text{在所有结果中排名} & \text{若 } TA(t) \neq NULL \\ \propto & \text{若 } TA(t) = NULL \end{cases}$$

(4-17)

引入如上定义是因为,若句子 t 无法理解或理解结果中没有正
确的分析结果时会导致 $rank(TA(t)) = 0$,故本书取了一个较大的
数值(如令 $\propto \approx 10000$)来处理这种情况。

③ 识别率,公式如下:

$$recognition\ rate = \frac{|\{t \,|\, \text{tree}(t) \neq \varnothing \, and \, t \in T\}|}{|T|}$$

(4-18)

式中,$\text{tree}(t) \neq \varnothing$ 表示句子 t 的解析结果不为空。

上述指标的具体含义见第 2 章中的相关内容。

4.8.3　测试结果

(1)增量式学习范式测试

表 4.2 和表 4.3 分别为方法应用到通信业务信息咨询领域
(MSC)和银行业务信息咨询领域(BSC)中,10 个用户与系统交互
的相关数据统计。

由表 4.2 和表 4.3 可知,系统应用于某通信公司的业务信息咨
询领域时,通过与 10 个用户交互,共学习到了 52 条新规则(其中
有 4 条重复的规则)。而应用于某银行业务信息咨询领域时,通过
与 10 个用户交互,共学习到了 38 条新规则(其中有 9 条重复的规
则)。另外,从表 4.2 和表 4.3 可以看出,学习到的规则数目与学
习次数、交互次数等没有直接关系,其原因是可能一次学习过程不
会学习到任何新规则,也有可能一次学习过程会学习到多条新
规则。

表4.2 通信业务信息咨询领域用户交互数据统计

测试指标	User1	User2	User3	User4	User5	User6	User7	User8	User9	User10	Total
$NQuery$	17	13	11	15	21	19	16	25	9	13	159
$NLearning$	4	3	3	5	9	6	5	8	3	4	50
$NInteraction$	3	2	2	3	4	2	2	5	2	2	3.0
$Avg.\ NChoice$	5.3	4.0	3.2	4.30	5.2	4.5	3.2	4.4	4.1	4.2	4.4
$NRules$	3	4	2	7	8	6	8	6	3	5	52

表4.3 银行业务信息咨询领域用户交互数据统计

测试指标	User1	User2	User3	User4	User5	User6	User7	User8	User9	User10	Total
$NQuery$	17	21	15	10	13	12	18	17	14	16	153
$NLearning$	5	4	4	3	2	3	6	4	3	4	38
$NInteraction$	2	3	2	1	1	2	3	2	1	1	2.3
$Avg.\ NChoice$	4.3	3.8	4	3	4	3.5	4.2	2	3.0	2.0	3.4
$NRules$	3	5	3	4	3	2	8	3	4	3	38

　　由前面的描述可知,某通信公司的业务信息咨询领域相比于某银行业务信息咨询领域来说,领域概念较多,概念的属性及关系较复杂,领域规模较大,初始的核心文法较难完全覆盖用户咨询所表达的概念的属性或语义概念间的关系。所以,由表4.2和表4.3可知,应用于某通信公司的业务信息咨询系统,在相近数目的用户查询语句时,学习次数较多。而由于领域规模较大,与用户交互时呈现给用户的选项数也较多。而在较小的应用领域,由于领域概念较少,概念的属性或概念间的关系较简单,初始的核心文法相对较容易总结全面,所以在文法扩展学习时与用户交互次数较少,系统具有较强的自学习能力。

　　以上分析说明,本书所提出的文法扩展学习的效率、学习质量与初始的核心文法是密切相关的。

（2）批量式学习范式测试

对于两个领域的数据集,随机抽取其中的一半作为训练集,用于扩展学习文法,并将全部数据集作为测试集,测试更新后的文法的性能。其中,在更新文法之前,先使用核心文法对数据集进行测试,以与更新后的文法的测试结果进行比较。

表4.4和表4.5列出了更新后的文法(将新学习到的规则加入核心文法形成的)及核心文法在两个测试集上的测试结果。

从表4.4和表4.5可以看出,更新后的文法在测试语料上的相关指标均得到了一定的提高,特别是在规模较大的领域(某通信公司业务信息咨询)应用中,更新后的文法能够较大程度地提高文法对领域概念及关系的覆盖度,具体表现为对测试问题的识别率提高了2.8%(从92.8%到95.6%)及 MRR 值提高了2.1%(从91.6%到93.7%),但是,由于领域概念较多、关系较复杂,核心文法本身就具有较大的歧义,扩展后的文法也具有较大的歧义,所以扩展后的文法对测试问题的准确率只提升了1.9%。而对于规模较小的领域(某银行业务信息咨询)应用,初始的核心文法本身对领域就具有较高的覆盖度(表现为具有较高的识别率),对测试语料的识别率和 MRR 值提升幅度较小,经检查,其中未能识别的问题多是与领域无关的问题或不完整的问题。而由于领域概念较少、关系较简单,所以文法规则本身具有较小的歧义,经文法扩展学习,更新后的文法能够较大程度地提升文法对测试语料的准确率,提高了2.4%(从86.2%到88.6%)。

表 4.4　MSC Data Set 测试结果　　　　　　　%

测试指标	核心文法	更新后的文法
准确率	82.4	**84.3**
MRR	91.6	**93.7**
识别率	92.8	**95.6**

表 4.5 BSC Data Set 测试结果 %

测试指标	核心文法	更新后的文法
准确率	86.2	**88.6**
MRR	93.5	**94.6**
识别率	94.7	**96.5**

4.8.4 实验结果分析

在上述增量式学习测试和批量式学习测试中,我们主要发现了下面一些问题:

① 在增量式学习测试中,特别是在较大规模领域应用中,存在用户不认同系统提供的候选顶层节点的情形,说明本书的顶层节点预测模型还有需要改进的地方。在将来的工作中,可以考虑在系统历史记录中,利用聚类方法(如 KNN 方法),依据与其语义相似的 N 个句子的顶层节点情况,预测当前句子的顶层节点,这种方法涉及句子语义相似性计算等技术。

② 由于本书提出的语义文法具有较大的鲁棒性,在没有其他约束的情形下,系统对于一些超出领域范围的句子不能做出有效的判别,若基于这些句子进行文法扩展学习,那么由此学习到的文法规则的质量是不可预料的。虽然本书提出了对句子进行"可学习性"度量,但还是存在一些"漏网之鱼",在将来的工作中要考虑根据更多的特征来对句子进行"可学习性"度量。

③ 同样是由于本书的语义文法具有较强的鲁棒性,因而可以对一些句子进行鲁棒式解析,即跳过句子中的一些成分,甚至是一些句子中的重要成分,生成解析结果,如果"碰巧"生成的解析结果正确,那么这些句子将不会激发本书的文法扩展学习过程,导致浪费一些文法扩展学习的时机。针对这一点,我们需要在以后的工作中,对跳过的句子成分进行"重要性"检测,包括从词法、句法、语

义角度来对跳过的成分进行打分,若跳过的成分比较重要,则判定跳过这些成分生成的解析树无效。

④ 现在文法扩展学习的先决条件是先找一条最可能匹配的规则,然后在此规则上进行"扩展",这在一般情况下是可行的,但在某些情况下,如果扩展后的规则与原来规则的语义相差较大,扩展得到的文法规则并不一定是最优的。在将来的工作中,可以考虑增加全新规则的阈值条件及怎样创建新规则。

⑤ 在文法扩展时存在这样一个问题:规则中的一部分未能匹配的成分(通常是连续的)与句子的几个连续成分在整体上是同义关系,但各个部分并没有一对一的关系。如:

<分期词类> <付费词类>(示例句子:不用一次性付全款)

<办理词类> <不成词类>(示例句子:没有资格)

针对这种情形,可以在将来的工作中考虑先对句子进行语义块识别,保证在分词阶段不将一些有意义的成分拆分开。

⑥ 在 Non-terminal 型规则扩展时,目前对于插入文法规则中的成分没有进行过滤判别,使得学习到的文法规则对于训练语料的拟合性较高,而缺乏了抽象性,导致文法规则的利用率较低。所以,在将来的工作中可以考虑不将一些"不重要"的词加入文法中,比如,以文法中的所有成分的"最低重要度"为阈值条件,将大于此阈值的成分加入文法的适当位置,而小于此阈值条件的则不予考虑。此外,还可以考虑引入对文法匹配效能的度量。

⑦ 在上述测试中我们还发现,一个句子的几个分析树的得分相近,单从解析树得分很难判别出谁优谁劣,针对这种情形,我们需要引入文法约束,在生成解析树过程中,对所使用规则的文法约束进行检查,只要解析树中所涉及的规则不符合文法约束,则认为整个解析树无效。在下一章中,我们将对文法约束进行学习。

4.9 本章小结

本章研究了一种基于种子的文法扩展学习方法,首先通过种子文法对解析失败的句子进行部分解析,在此基础上试图构建句子的完整解析树,包括预测部分解析结果的顶层节点、生成新扩展文法规则假设、验证假设等,并对扩展学习到的文法规则进行一些后处理操作,包括对规则进行概化处理、冗余检测等。然后,本书提出了两种文法扩展学习范式即增量式学习范式和批量式学习范式,其中在批量式学习中,提出了一种通过对学习语料中数据的"可学习性"度量来筛选学习对象,从而提高文法扩展学习的整体质量和效率。最后,在两种学习范式下,分别考察了系统的性能,其中在增量式学习范式下,我们让 10 个用户与两个系统(MSC 和 BSC)进行交互,并记录相关系统数据,统计结果表明系统具有较强的自学习能力;而在批量式学习范式下,分别利用训练语料进行文法扩展学习后,测试了更新后的文法在两个领域数据集上的相关性能指标,试验结果表明本章所提出的方法是有效的。

第 5 章　语义文法约束学习

5.1　引言

第 2 章已经介绍了语义文法的定义,且语义文法的主要特点是鲁棒性高,能够处理用户的非规范输入,这种高鲁棒性主要得益于语义文法中通配符的引入及规则的匹配控制。其中,通配符可以在生成解析树时,匹配 OOV 词或其他冗余词,从而能够极大地提高系统语义文法的覆盖度。但是,在提高系统覆盖度的同时,还会引起"过度生成"问题,即系统可能会识别一些非法输入,同时,由于通配符的引入,在解析句子时产生了更多的歧义性,从而导致虽然提高了系统识别率及覆盖度,但其准确性会受到很大的消极影响。比如,下列文法规则和两个例句:

> 文法规则 1:
>
> 　　业务取消→<怎么词类>$\$_1$<关闭词类>$\$_2$<业务类>

例句 1:怎么才能关闭彩铃?
例句 2:怎么关闭不了彩铃?
文法规则中的 $\$_1$ 和 $\$_2$ 都表示通配符,下标表明通配符在规则的 RHS 中的相对位置。

在精确解析模式下,上述两个句子都不能用文法规则 1 进行解析,但当文法规则中引入了通配符,就可以解析这两个例句。通过观察发现,例句 1 的匹配是没有问题的,用户的查询意图就是关于"业务取消"方面的,通配符匹配了句子中的冗余词"才能"。例句 2 也能由文法规则 1 匹配,通配符匹配了句子中的词串"不了",但通过观察发现,例句 2 与文法规则 1 的匹配是错误的,例句 2 实际的查询意图是"业务取消不了的原因",与文法规则 1 所描述的查询意图(业务取消方法)是不相容的。

为了解决文法的过度生成问题及降低文法规则的歧义性,需要对通配符的匹配能力进行限制。本书通过给文法规则中的通配符引入语义约束条件,来限制通配符的匹配能力。语义约束包括对通配符所匹配的成分的词汇、词性等,以及其与上下文关联关系进行的约束。

比如,可以为规则 1 引入下面的约束:

$$contain(sent, ANY-2, "不了") \rightarrow failParse(sent)$$

其中,$sent$ 表示待解析的句子;$ANY-2$ 表示文法规则中的第二个通配符,其中的"2"表示规则中通配符的相对位置。上述约束的含义是,若文法规则中的第二个通配符匹配了问句中的某个词或词序列,并且该词含有"不了",那么这时的匹配不能成功。加上上述约束的文法规则变为

文法规则 1':

业务取消→ <怎么词类> $\$_1$ <关闭词类> $\$_2$ <业务类> @ $contain$ $(sent, ANY-2, "不了") \rightarrow failParse(sent)$

再用文法规则 1'对两个例句进行重新解析,例句 1 可以同样匹配成功,并且结果是正确的,而例句 2 虽然能够匹配规则的一部分,但却不能满足规则的语义约束,所以匹配失败。

通过上面的例子可以看出,引入了语义约束之后,可以对通配符所匹配成分进行限制,从而避免一些错误匹配情形。

文法约束决定了文法的覆盖度,如果引入的约束过于严格,则可能导致最终的文法无法识别一些合法的句子,而如果引入的约

束过于宽松,则将导致非法的句子也能被文法规则识别。因此,需解决两个基本问题:① 是不是所有的规则都需要增加文法约束? ② 怎样给规则增加合适的文法约束?

对于前一个问题,答案是显而易见的:并不需要给每一条规则增加语义约束。只有在文法规则本身具有歧义时,特别是当文法规则带有通配符时,才考虑为规则增加文法约束。在具体实施时,可以通过对文法规则的历史准确率进行统计,当历史准确率小于一定阈值时,才考虑为规则增加文法约束。

而对于第二个问题,一般来说,为文法规则增加语义约束的方法有两种。一种是通过观察语料及文法规则,手工总结文法约束,这种方法的缺点很明显:① 效率低,文法规则之间的约束有可能会相互矛盾,这时就需要人工进行不断的测试,发现矛盾并进行调整,这通常需要耗费很长的时间;② 难以保证完整性,面对大量数据时,人工总结的文法约束不能保证是完整的,需要考察一批语料之后才能总结出较为完整的文法约束,而这对于人工来说是很难的。另一种方法就是利用机器学习方法,从标注的语料中自动或半自动地获取文法约束。这种方法的优点是不需要人工或只需要较少的人工参与,效率较高,并且由于这种方法是"整体"地考虑训练语料,所以可以较好地解决文法约束之间的矛盾,并能够较好地保证文法约束的完整性。

从具体的例子中学习一个一般理论的过程通常称为归纳学习。比如,假设我们从医院获得了一批关于患者的记录数据,每一个患者的数据包含患者的各种属性及数值,包括患者的症状及所患疾病等。我们想从这些数据中发现一些通用的规则,即如果发现患者有哪些症状就可以判定他患了何种疾病。医院的这些记录数据为我们发现一些通用的规则提供了样例。比如,我们发现每一个具有发热并且身上有红斑症状的患者,最终都被确诊为患有麻疹。根据这些数据,我们可以推断得到这样一条规则:

如果某人发热并且身上有红斑,那么他/她患有麻疹

进一步地,如果每一个患有麻疹的患者,都具有"身上有红斑"这一症状,那么我们可以推断得到这样一条规则:

如果某人患了麻疹,那么他身上会有红斑

上述所描述的两个推理过程就是归纳。值得注意的是,上述规则告诉我们的不仅是关于医院里以前的一些患者的记录数据,还是关于"每一个人"的事实。基于此,这些规则就具有了预测的能力:它们能够用来预测数据库中没有出现过的具有相同或相似症状患者的患病情况。

归纳学习方法可大致分为以下四种类型:

① 基于属性的归纳。这类方法通常将收集的正例和反例作为输入,使用决策树等算法,得到一种约束描述,使得约束与正例样本保持一致,而不能满足反例样本;最终的约束描述使用一个样本测试集进行测试以证明其正确性。

② 增量泛化和特化。这类方法对于要学习的约束通常有一个层次性的背景知识,根据正例和反例,依据背景知识,逐步地概化和特化约束描述,并最终产生适当的约束描述。

③ 无监督概念描述。学习系统通过对样本进行聚类,得到概念簇,并且依据最小描述长度(MDL)或其他测度生成这些概念的适当的约束描述。这种技术常用于数据挖掘系统。

④ 归纳逻辑程序设计。这类系统通常采用一阶逻辑来描述约束,并将上述三种方法及背景知识相结合来生成约束描述。

本书选择归纳逻辑程序设计(Inductive Logic Programming,ILP)方法作为总体学习框架来学习文法的语义约束,主要是因为其使用了逻辑语言的表示框架,而使用逻辑表示具有下面的一些优点:

① 逻辑具有较好的理论基础,特别是一阶逻辑为 ILP 的发展提供了一系列的概念、技术等。

② 逻辑提供了一个统一的且表达能力较强的表示方式,背景

知识、数据集及要学习的理论都统一地表示成子句形式的逻辑公式。由于使用了统一的数据表示，因而可以十分自然地在一些机器学习方法中融入背景知识，而且将要学习的理论与背景知识也使用了相同的表示方式，只不过是它们的来源不同：将要学习的理论来自于归纳学习，而背景知识是用户提供给系统的。

③ 使用基于谓词的规则表示的知识相比于机器学习中的其他方法更加接近于自然语言，所以由 ILP 系统学习到的知识（子句集）相比于其他机器学习中的方法更容易被人解释。

④ 最后，由于本书的语义文法是用于处理自然语言的，且语言理解及文法学习过程可能会需要与人工进行交互，因而语义文法的表示需要能够在机器的可处理性和人的可理解性之间找到一个平衡点，而逻辑表示正是用于表示语义文法约束的最好方式。

基于上面的一些优点，本书的语义文法约束学习主要是基于归纳逻辑程序设计的。在给出具体的学习方法之前，首先回顾一下一阶逻辑的相关概念。

5.2　一阶逻辑基础

由于 ILP 的核心知识表示方式是一阶逻辑，所以有必要在本节首先给出与 ILP 密切相关的一阶逻辑中的一些基础概念的定义，这些基础概念（包括子句、θ-包含等）是 ILP 的重要基石，对于理解 ILP 的学习机理有很重要的作用。关于变量、函数、谓词等概念的定义可参考相关教科书。

【定义 5.1】　（项）t 是一个项，当且仅当它能由（有限次使用）以下的①和②生成：

① 变量或常量是一个项；

② 如果 $t_1, \cdots, t_n$ 是项，并且 f 是一个 n 元函数符号，那么 $f(t_1, \cdots, t_n)$ 是一个项。

【定义 5.2】 （原子公式）设 $P(x_1, x_2, \cdots, x_n)$ 是任意 n 元谓词，$t_1, t_2, \cdots, t_n$ 是项，则称 $P(t_1, t_2, \cdots, t_n)$ 是原子公式。

【定义 5.3】 （文字（Literal））文字是一个原子公式或其否定，文字包括正文字（Positive Literal，原子公式本身）和负文字（Negative Literal，原子公式的否定）。

【定义 5.4】 （合式公式（Well-formed Formula，WFF））合式公式的递归定义如下：

① 原子公式 $P(t_1, \cdots, t_n)$ 是一个合式公式，其中 P 是一个 n 元谓词，而 $t_1, \cdots, t_n$ 是项；

② 如果 A 是合式公式，那么 $\neg A$ 也是一个合式公式；

③ 如果 A, B, C 是合式公式，那么 $(A \wedge B)$，$(A \vee B)$，$(A \rightarrow B)$，$(A \leftrightarrow B)$ 也是合式公式；

④ 如果 $A(u)$ 是一个合式公式，x 是一个变量，并且 x 不在 $A(u)$ 中出现，那么 $\forall x A(u)$ 和 $\exists x A(u)$ 也是合式公式。

【定义 5.5】 （子句（Clause））一个文字的集合叫作子句，空子句用用 □ 表示。子句表示集合中所有文字的析取，所以子句 $\{a_1, a_2, \cdots, \overline{a_i}, \overline{a_{i+1}}, \cdots, \overline{a_n}\}$ 可以用如下的式子等价表示：

$$(a_1 \vee a_2 \vee \cdots \vee \overline{a_i} \vee \overline{a_{i+1}} \vee \cdots \vee \overline{a_n})$$

或者

$$a_1, a_2, \cdots \leftarrow a_i, a_{i+1}, \cdots, a_n$$

其中，子句中的所有变量是隐式的全局限定的。

【定义 5.6】 （霍恩子句（Horn Clause））霍恩子句是带有最多一个肯定文字的子句（文字的析取）。

下面是一个霍恩子句的例子：

$$\overline{p} \vee \overline{q} \vee \cdots \vee \overline{t} \vee u$$

它可以被等价地写为

$$p \wedge q \wedge \cdots \wedge t \rightarrow u$$

【定义 5.7】 （确定子句（Definite Clause））有且只有一个肯定

文字的霍恩子句即确定子句。

其中霍恩子句或确定子句中的一个肯定文字叫作子句的头，而所有否定文字叫作子句的体。

【定义 5.8】 （目标子句）没有任何肯定文字的霍恩子句叫作目标子句。霍恩子句的合取是合取范式，也叫作霍恩公式。霍恩子句在逻辑编程中扮演基本角色，并且在构造性逻辑中很重要。

【定义 5.9】 （Skolem 范式）一阶逻辑语言的公式是 Skolem 范式的，如果它具有这样的形式：$\forall x_1 \cdots \forall x_n M$，其中 M 是一个没有量词的合取范式公式，即前束范式只有全称量词。因为 M 是子句的合取，每一个子句又是文字的析取，所以常将 M 看作子句的集合。

【定义 5.10】 （Skolem 化）一个公式可以被 Skolem 化，就是说消除它的存在量词并生成最初的公式的等价可满足的 Skolem 范式公式。

【定义 5.11】 （Herbrand 域）考虑如下的用 Skolem 范式表示的一阶逻辑公式：

$$\forall x_1 \cdots \forall x_n S$$

S 的 Herbrand 域 H 可由以下规则定义：

① S 中的所有常量都属于 H，如果 S 中没有常量，那么 H 中包含任意一个常量 c。

② 如果 $t_1 \in H, \cdots, t_n \in H$，并且 S 中存在一个 n 元函数 f，那么 $f(t_1, \cdots, t_n) \in H$。

【定义 5.12】 （基实例（Ground Instance））令 E 表示一个合式公式或一个项，$vars(E)$ 表示 E 中所出现的所有变量的集合。称 E 是基的（Ground），当且仅当 $vars(E) = \varnothing$。

【定义 5.13】 （基子句（Ground Clause））考虑一个 Skolem 范式的一阶逻辑公式

$$\forall x_1 \cdots \forall x_n S$$

那么考虑上述公式中的一个子句（即文字的析取），将其中出现的所有变量，使用 S 的 Herbrand 域中的元素进行替换，替换后的子句称为基子句。基文字（Ground Literal）和基原子（Ground Atom）的定义与此相似。

【定义 5. 14】 （Herbrand 基）利用合式公式 S 中的所有谓词及合式公式的 Herbrand 域中的所有项生成的所有基原子的集合。

简而言之，合式公式 S 的 Herbrand 域是公式 S 中所有的函数所形成的所有基项的集合；而合式公式 S 的 Herbrand 基则是公式 S 中的谓词和函数所形成的所有基原子的集合。

【定义 5. 15】 （子句理论（Clausal Theory））表示一个子句的有限集合，其中，任意两个子句之间不共享同一个变量。子句理论表示集合中的所有子句的合取，所以一个子句理论

$$\{C_1, C_2, \cdots, C_n\}$$

可以等价地表示为

$$(C_1 \wedge C_2 \wedge \cdots \wedge C_n)$$

每一个子句理论都是子句范式（Clause-normal Form）的。

【定义 5. 16】 （空子句理论（Empty Clausal Theory））不含有任何子句的子句理论，用■表示。

【定理 5. 1】 每一个合式公式 *WFF* 都可以等价地转化为一个符合子句范式的合式公式。

【定义 5. 17】 （逻辑程序（Logic Program））逻辑程序是一个 Horn 子句的集合。

在逻辑中，□和■除了表示空子句和空子句理论外，还分别表示 *False* 和 *True* 两个逻辑常量。

【定义 5. 18】 （确定性程序（Definite Program））即确定子句的集合。

【定义 5. 19】 令 Σ 表示一个理论，E^+ 和 E^- 表示两个子句集合。如果 $\Sigma \models E^+$，则说 Σ 对于 E^+ 是完备的。如果 $\Sigma \cup E^-$ 是可满

足的,则说 Σ 与 E^- 是一致的。如果 Σ 对于 E^+ 是完备的,并且与 E^- 是一致的,则说 Σ 对于 E^+ 和 E^- 来说是正确的理论。

【定义 5.20】　(θ-替换(θ-substitution))令 $\theta = \{v_1/t_1, \cdots, v_n/t_n\}$,当每一个 v_i 表示一个变量,每一个 t_i 表示一个项,并且对于任何不同的 i 和 $j, v_i \neq v_j$,则称 θ 为一个替换。其中,$\{v_1, \cdots, v_n\}$ 称为 θ 的定义域,记作 $dom(\theta)$;$\{t_1, \cdots, t_n\}$ 称为 θ 的值域,记作 $rng(\theta)$。

令 E 表示一个合式公式或者一个项,$\theta = \{v_1/t_1, \cdots, v_n/t_n\}$ 表示一个替换,公式 E 的 θ-替换记作 $E\theta$,即将公式 E 中出现的每一个变量 v_i 用相应的 t_i 进行替换。

【定义 5.21】　(θ-包含)原子 $a_i\theta$-包含 b_j,记为 $a_i \preccurlyeq b_j$,当且仅当存在一个替换 θ,使得 $a_i\theta = b_j$;类似地,子句 $C_i\theta$-包含子句 D_j,也记为 $C_i \preccurlyeq D_j$,当且仅当存在一个替换 θ,使得 $C_i\theta \subseteq D_j$。

【定理 5.2】　如果合式公式 $C \preccurlyeq D$,那么 $C \models D$;反之不一定成立。

【定义 5.22】　(解释(Interpretation))解释是一个从基原子到 $\{false, true\}$ 的全函数。

【定义 5.23】　(Herbrand 解释)一个合式公式 W 的 Herbrand 解释 I 是一个解释,它的定义域是公式 W 的 Herbrand 域。Herbrand 解释还可以用公式 W 的 Herbrand base 中的基原子子集等价地表示,即 $\{a \mid I(a) = true,\ and\ a \in W's\ Herbrand\ base\}$,这种表示方式只将那些解释为 $true$ 的基原子显式地列出。

【定义 5.24】　(原子公式的值)若原子公式 $a, I(a) = true$,则称原子 a 在解释 I 中为 $true$,否则为 $false$。

【定义 5.25】　(合式公式的值)合式公式的值定义如下:

① 如果公式 W 在解释 I 中为 $false$,则称公式 $\overline{W}$ 在解释 I 中为 $true$,否则为 $false$。

② 若 W 和 W' 在解释 I 中为 $true$,则 $W \wedge W'$ 在解释 I 中为 $true$,否则为 $false$。

③ 若 W 或者 W' 在解释 I 中为 $true$，则 $W \vee W'$ 在解释 I 中为 $true$，否则为 $false$；若 $W \vee \overline{W}$ 在解释 I 中为 $true$，则 $W \leftarrow W'$ 在解释 I 中为 $true$，否则为 $false$。

④ 令 v 表示一个变量，W 是一个公式，若对于公式 W 的 Herbrand 域中的每一个项 t，$W\{v/t\}$ 在解释 I 中均为 $true$，则称 $\forall v W$ 在解释 I 中为 $true$，否则为 $false$。

⑤ 若 $\neg(\forall v \neg W)$ 在解释 I 中为 $true$，则公式 $\exists v W$ 在 I 中为 $true$，否则为 $false$。

【定义 5.26】 （模型）解释 M 称作是公式 W 的一个模型，当且仅当 W 在解释 M 中为 $true$。

【定义 5.27】 （可满足（Satisfiable））若一个公式 W 存在一个模型，则称公式 W 是可满足的；反之称公式 W 是不可满足的，即公式 W 是不可满足的，当且仅当 $W \models \square$。

【定理 5.3】 （Herbrand 定理）一个公式 W 是可满足的，当且仅当公式 W 存在一个 Herbrand 模型。

【定理 5.4】 每一个逻辑程序 P 都有唯一的最小 Herbrand 模型 M，其中 M 是 P 的一个模型，并且每一个原子 a 在 M 中为 $true$，仅当其在 P 的所有 Herbrand 模型中均为 $true$。

【定义 5.28】 （蕴涵）令 W 和 W' 表示两个公式，称 W 语义蕴涵 W'，或 $W \models W'$，当且仅当 W 的每一个模型均是 W' 的一个模型。

对于两个公式 W 和 W'，我们称 W 比 W' 更一般、更抽象（或者说 W' 比 W 更具体），当且仅当 $W \models W'$。

5.3　相关工作

5.3.1　ILP 研究历史

ILP 作为机器学习与逻辑程序设计的交叉学科，经过了数十年的发展,其理论基础得到了较大的提升,有学者认为,ILP 成功的部分原因是因为选择了逻辑语言作为其核心知识表示方式。总的来说,ILP 的发展经历了下面几个阶段:

(1) 萌芽期(1991—1994 年)

和 ILP 有关的工作最早出现于 Plotkin 等的开创性研究[128-130]。而该课题的创立则起源于 1991 年发表的一篇关于 ILP 的奠基性文章[131]及第一届 ILP 国际研讨会。随后,Muggleton 于 1992 年出版了一本关于 ILP 的著作,其中涵盖了关于 ILP 的各种方法,此著作中的大部分研究都是借鉴和扩展 ILP 的两个相关领域即机器学习和逻辑编程的已有方法[132]。

在 ILP 发展的早期阶段,众多的学者引入了大量的基础性概念,包括反向消解[133]、饱和度[134]和谓词学习[135,136]等,且关于各种相关假设类的 PAC 可学习性的研究也有了一些初步结果,包括 ij-determinate逻辑程序[137]、k-local 逻辑程序[138],以及关于任意逻辑程序的 PAC 学习的一些消极的结果[139]。

(2) 发展期(1995—2001 年)

在此期间,于 1997 年出版的一本关于 ILP 理论基础的论著极大地扩展了早期由 Muggleton 和 De Raedt 所描述的理论框架[170]。论著中详细描述了在许多 ILP 系统中所使用的基于优化图理论的搜索技术。此外,关于逻辑程序的可学习性方面也得到了一些比较重要的结果[140]。在此阶段的末期,一本关于关系数据挖掘领域的著作[141]出版了,关系数据挖掘是将 ILP 技术应用于数据库中多个表的一个新的研究领域。

在同一时期被广泛使用的 ILP 系统 Progol[142]提出了一种基于逻辑,并利用反向蕴涵关系在假设空间的细化图上进行搜索的新方法。Progol 5.0 加入了支持 abduction(反向蕴涵的一种特殊情况)的模块[143]。需要特别指出的是,Progol 5.0 避免了关于"结论的谓词必须与用于表达例子的谓词相同"这一假设。ILP 系统

TILDE[144]将决策树学习算法扩展到一阶逻辑,使得系统的整体效率得到了提升。

(3)转型期(2002年至今)

最近10年,大多数的ILP研究者们关注于学习概率逻辑的表示方法,以及与迁移学习相关的应用[145-147]。这期间出现了很多通用的概率表示方法,包括随机逻辑程序(SLPS)[148]、贝叶斯逻辑程序(BLPs)[149]、PRISM[150]、自主选择逻辑(ICL)[151]、马尔科夫逻辑网络[152]、CLP(BN)[153]和ProbLog[154]等。

由De Raedt等所写的一本著作[155]给出了一个概率ILP的总体框架(PILP)。PILP系统一般将底层的逻辑程序的学习与各个子句所关联的概率参数的估计相分离。举例来说,Sato所设计的PRISM系统[150]假定底层的逻辑程序是由建模者事先给定的,而系统则利用基于EM算法的概率估计方法来学习概率信息。与之相反,在SLPs系统[156]中,首先由通用的ILP系统学习得到底层的逻辑程序,再在下一个步骤中利用各种EM算法的变种如FAM算法来学习概率参数。而Muggleton等[157]则认为结构和概率参数的学习应该同时进行,虽然在实践中已被证明是很难实现的。

在理论发展的同时,也出现了许多与上述理论相对应的ILP系统,包括被广泛使用的FOIL系统[158]、Golem系统[159]、CLINT[160]和LINUS[161]等;另外,在ILP发展的早期阶段,ILP算法就被成功地用于解决一些现实中很难的问题,包括有限元网格设计[162]、蛋白质结构预测[163]及构建卫星诊断的时间规则[164]等。特别是在ILP发展的萌芽期,一些新系统的开发扩展了ILP能够有效应用的类别。例如,Progol的非确定性谓词的学习能力,使得它被成功地应用于涉及诱变剂等生化发现的一个重要任务[165],其发现的新型诱变剂的结果发表在世界顶级科学期刊上。在ILP的发展期,ILP系统继续被应用到一些很难的科学发现问题中。在这方面最引人注目的是Progol 5.0,其在扩展后被用于支持在机器人科学家项目中主动选择试验。该项目在酵母中发现了基因的新功能，其结果发表在 *Nature* 上[166]，其后续工作发表在 *Science* 上[167]。PILP 也被成功地应用于科学发现问题，如蛋白质折叠预测[168]等。

5.3.2　ILP 学习设置分类

基于逻辑中的模型理论和证明理论这两种不同的观点，按照所处理数据的不同类型，可以将 ILP 的学习分为三类：第一类称为从解释中学习（Learning from Interpretations），在这种学习场景中，每一个实例被看成是一个解释 I；也就是说，一个实例是一个状态描述或者一个可能世界，当 I 是 H（即逻辑公式）的一个模型时，则称实例被理论 H 所覆盖。第二类称为从蕴涵中学习（Learning from Entailment），在这种学习场景中，一个实例对应于一个公式 F 的真假值观察，当公式 F 被理论 H 所蕴含（$H \models F$）时，则表示假设 H 覆盖公式 F。第三类称为从证明中学习（Learning from Proofs），在这种学习场景中，实例被看作一个证明 P，当 P 是理论 H 的一个可能证明时，则表示 H 覆盖了实例 P。上述三种观点中，解释（Interpretations）是贝叶斯网、项集挖掘等技术中非常自然的数据类型，关于公式的真假值观察在科学知识发现问题中非常典型，而证明（Proofs）则在树库文法和 Markov 模型中是非常自然的表示。这几种学习场景为要学习的目标理论提供了不同类型的线索，并可据此按照学习的难易程度进行排序，其中，证明所拥有的信息最多，因为它们直接对未知的理论进行了编码；而解释则提供了关于具体实例的全部信息；而公式则概括或聚集了多个状态（解释）的信息，所以"从证明中学习"比"从解释中学习"容易，又比"从蕴涵中学习"容易。

而从学习方法这一角度来看，ILP 可以分为批量型 ILP、增量型 ILP、交互型 ILP 等类型，表 5.1 列出了这几种 ILP 方法的比较。

表 5.1　ILP 方法比较

ILP 类型	方法简介	友好性	学习效率	抗噪音能力
批量型 ILP	依据事先给定的训练集批量学习	事先要给定完整的训练数据，较难	较高	较好
增量型 ILP	逐一处理实例，每一个实例都将启动学习过程	可增量搜集学习实例，较容易	低	较差
交互型 ILP	在学习过程中，可向用户提出问题，进行互动式学习	根据人机交互结果进行学习，较容易	低	较差

5.3.3　ILP 问题概述

5.3.3.1　经典 ILP 问题

ILP 所研究的一般问题[169]如下所述：

给定正例集 E^+、反例集 E^-（均为子句的集合）和背景知识 B（子句的有限集），ILP 的目标是找到一个理论 H（子句的有限集），使得 H 对 E^+ 和 E^- 都正确，即要满足：

（i）$\forall e \in E^+ \quad H \cup B \models e$（完备性）

（ii）$H \cup B \cup E^-$ 是可满足的（一致性）

在具体实施时，ILP 问题通常有下面两种类型：

① 单个谓词的学习。在这个类型中，用单个谓词表达要学习的概念（即目标谓词）。用于学习的实例是目标谓词的基实例，学习到的理论是若干目标谓词的定义。只有在背景知识中可以包含其他谓词的定义，这些谓词可以被用到目标谓词的定义子句中。

② 确定子句的学习。在这个类型中，背景知识和学习到的理论中包含的所有子句都是确定子句的，所有的例子也都是目标谓词的基原子。此时，可以将（ii）简化为

$$\forall e \in E^- \quad H \cup B \not\models e$$

5.3.3.2　分类型 ILP 问题

针对含噪音的训练例集合,分类型 ILP 问题的任务是对所有关于目标概念的对象进行分类,即学习出的假设理论被看作新对象的分类器,与此对应的 ILP 系统描述如下[169]:

给定:

　　　实例集合(正例集 E^+ ,反例集 E^-)

　　　背景知识 B

　　　假设 H 的描述语言 L_H

　　　质量判据

寻找:假设理论 $H \in L_H$,使得对给定的观测集合,取得最优的质量判据值。

注意,分类型 ILP 问题并不要求学习到的 H 保证完备性和一致性。一般来说,质量判据包含以下几个方面:

① 准确率:假设 H 对测试例集的正确分类比例。

② 可理解性:假设 H 被人理解的程度,通常用 H 中规则的条件数或规则的编码比特数来度量,条件数或编码比特数越小,可理解性越强。

③ 统计意义:可使用统计意义测试如 t 检验来评价假设 H 是否表达了例集的真正的规律性、显著性。

5.3.3.3　ILP 通用算法

图 5.1 是一个通用的 ILP 算法框架,在实现具体的 ILP 算法时,下列算法中所调用的函数会有不同的具体实现。

```
Procedure ILP（Examples）
Begin
    INITIALIZE（Theories，Examples）
    repeat
        T = SELECT（Theories，Examples）;
        |T_i|_{i=1}^n = REFINE（T，Examples）;
        Theories = REDUCE（Theories ∪ ∪_{i=1}^n，Examples）;
    until STOPPINGCRITERION（Theories，Examples）
    return（Theories）;
End.
```

图 5.1　通用的 ILP 算法框架

在上述通用 ILP 算法框架中，初始化函数 INITIALIZE 的作用是初始化一个初步的假设集，以便在后续的迭代过程中使用。根据具体的不同的 ILP 算法，初始化的假设也不一样，比如，可以初始化初步假设为所有的实例（适用于自底向上的搜索算法），也可以初始化最一般的假设，即 true（适用于自顶向下的搜索算法）。SELECT 函数用于从所有假设中选择出最有可能的候选假设集；而 REFINE 函数则利用优化算子如特化、概化等得到一些新的假设；REDUCE 函数依据实例集合候选假设集，过滤掉一些不合法的假设；最后，STOPPINGCRITERION 判定当前的假设集是否已经满足设定的阈值条件（如当前的理论对于实例集是否是完备和一致的），若不满足阈值条件，则继续迭代搜索最优的假设理论；反之，则返回当前的假设集。其中，SELECT 函数和 REDUCE 函数决定了算法的搜索策略，比如，若 REDUCE 的策略是只保留最好的一个理论时，整个 ILP 算法的搜索策略就是爬山法（Hill-climbing）。

ILP 研究领域通常使用 θ-包含格来表示由程序子句空间构成的搜索空间的结构。θ-包含格是依据 θ-包含关系对搜索空间进行结构化组织的表示，使得学习系统可以利用各种经典的搜索算法对搜索空间进行搜索。图 5.2 是一个用图表示的搜索空间。

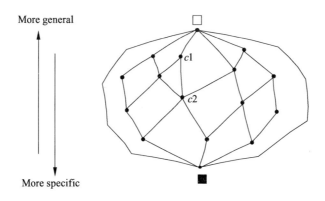

图 5.2　搜索空间

图 5.2 中,□和■分别表示空子句和空子句理论,上层节点比下层节点更抽象;反之,下层节点比上层节点更具体。节点间的连线表示 θ-包含关系,比如,图中的节点 $c1$ θ-包含 $c2$,节点 $c1$ 所代表的子句比节点 $c2$ 所代表的子句更一般。

从图 5.2 可以看出,要找到一个正确的理论,就是在搜索空间上进行问题的搜索。总的来说,ILP 算法中的搜索策略分类如图 5.3 所示。

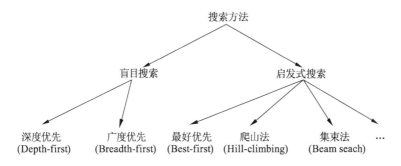

图 5.3　搜索策略分类

从搜索方向上来看,搜索方法可分为自顶向下、自底向上及将两者相结合等。

自顶向下的策略的学习过程如下：① 从一个非常普遍的约束开始，通常是从 $\Sigma = \{\}$ 开始。空子句蕴涵任何东西。② 系统从实例集中读取一个新的例子。③ 如果理论相对于目前已经读取的例子太强，则削弱它；如果太弱，则加强它。反复进行调整，直到这个理论相对于到目前为止所读到的例子是正确的。再从枚举中读取一个例子，重复②的过程。

自底向上的策略则是从最具体的子句开始，不断对它进行泛化操作，使它能够覆盖更多的正例。

5.4　文法约束学习算法

5.4.1　相关定义

下面首先给出本书与文法约束学习有关的一些定义。

【定义 5.29】（查询意图）查询意图是指对用户所输入查询句子的一个语意分类，该分类能够体现用户查询的目的，是对用户查询语句语意的概括描述。查询意图对应于第 2 章中问题本体中的叶子节点。

在意图分析时，通常会有一个意图分类体系，本书在第 2 章中所提出的问题本体即一个用户意图的分类体系，意图分析的目的就是给用户的查询赋予正确的意图分类标签，意图的分析正确与否将直接影响后续的一系列操作，包括句子的语义表示、答案生成等。

【定义 5.30】（文法规则解析正样本 S^+）假设对句子 S 解析生成的一棵解析树 T_i，其中包含文法规则 QT，且 $MatchScore(T_s, S) \geq MatchScore(T_i, S)$，$T_i \in tree(S)$，其中 $MatchScore$ 为第 1 章中所介绍的打分函数，$tree(S)$ 表示句子 S 的所有解析树集合，下同。句子 S 的真实意图为 I_s，若 I_s 与解析树 T_i 的根节点相等，则称句子 S 为文法规则 QT 的解析正样本。

【**定义 5.31**】 （文法规则解析负样本 S^-）假设句子 S 解析生成的一棵解析树 T_i，其中包含文法规则 QT，且 $MatchScore(T_s, S) \geqslant MatchScore(T_i, S)$，$T_i \in tree(S)$，句子 S 的真实意图为 I_s，若 I_s 与解析树 T_i 的根节点不相等，则称句子 S 为文法规则 QT 的解析负样本。

为了对文法规则的语义约束进行学习，需要在系统运行早期，搜集用户与系统的交互日志，为了获得系统对于用户查询的理解是否正确的信息，需要人工标注系统对某条查询语句的理解结果是否正确。本书的原型系统可应用于智能客服来回答用户的查询问题，系统会将自动理解的结果推送到人工客服界面上，并由人工来判断系统理解的结果是否正确，若理解正确，则直接将系统理解的结果推送给用户；否则由人工来对用户查询问题做出解答。在这一应用范式下，本书按照图 5.4 的流程获取文法约束学习的语料。

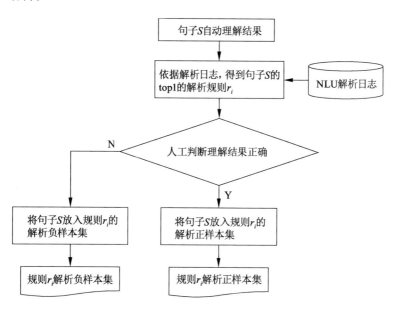

图 5.4 获取文法约束学习语料的流程

由第 2 章关于语义文法的定义可知,用来描述语义约束的谓词是系统预定义的(详见附录 B)。为了能够将上述得到的数据用于学习语义约束,需要将上述文法规则的正负样本转换成用这些谓词表达的子句形式。

语义文法中的约束主要是对通配符的非正常匹配情况进行检查,即当通配符的匹配满足了文法约束所定义的条件,就认为语义文法的匹配是错误的。本书的文法约束的形式为"当文法规则 r 与句子 S 的匹配满足某种条件,那么文法规则 r 与句子 S 的匹配失败",文法约束用子句表示的形式为" $C1$ and $C2$ and $C3 \rightarrow failParse(S)$ ",目标谓词 $failParse(S)$ 表示"规则与句子 S 匹配失败"。而在文法约束学习中要学习这样的约束形式,就要将规则解析的负样本集作为文法约束学习的正例集,而将规则解析的正样本集作为约束学习的反例集。

【定义 5.32】 (文法约束学习的目标谓词)要学习的约束子句的头(即子句中的肯定文字)。在本书中,一个文法规则的约束形式为" $C1$ and $C2$ $and\cdots$ and $Cn \rightarrow failParse(S)$ ",即本书的文法约束学习的目标谓词为 $failParse(S)$ 。

【定义 5.33】 (文法约束学习正例 e^+)文法约束学习正例 e^+ 是指根据预定义的文法约束谓词集合,依据文法规则对规则解析负样本 S^- 的解析结果实例化谓词,并用子句表达的逻辑表达式,其中子句的头为 $failParse(S)$ 。由文法约束学习正例 e^+ 组成的集合称为文法约束学习正例集合 E^+ 。

【定义 5.34】 (文法约束学习反例 e^-)文法约束学习反例 e^- 是指根据预定义的文法约束谓词集合,依据文法规则对规则解析正样本 S^+ 的解析结果实例化谓词,并用子句表达的逻辑表达式,其中子句的头为 $failParse(S)$ 。由文法约束学习反例 e^- 组成的集合称为文法约束学习反例集合 E^- 。

关于文法约束学习正例 e^+ 、反例 e^- 的例子请见 5.5 节中的学习场景举例。

【定义 5.35】（文法约束学习）对于给定背景知识 B、文法规则 R 的文法约束学习正例集合 E^+ 和文法约束学习反例集合 E^-，寻找一个文法约束（用子句或子句的集合表示）R_c，使得约束能够蕴涵 E^+ 中的所有正例，并且不与 E^- 中的反例相矛盾。即

$$\forall e \in E^+ \quad B \cup R_c \models e$$

$$\forall e \in E^- \quad B \cup R_c \not\models e$$

要找到一个满意的约束，必须在可能的子句集中进行搜索，所以，学习就是搜寻一个正确的约束。含有这个约束的子句的集合称为搜索空间或假设空间。

5.4.2　文法约束学习(GCL)算法

依据上述定义，图 5.5 是某条规则 i 的约束学习的总体流程，规则库中符合学习条件（在后文介绍）的规则均要执行下面的流程。其中的约束学习算法将会在后面介绍。因为规则之间的约束是独立的，所以为了提高系统的效率，约束学习算法可并行化实现，本书不再赘述。

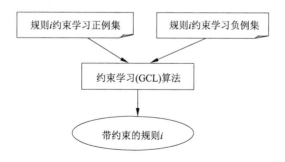

图 5.5　文法约束学习的总体流程

由前面的定义可知，用于约束学习的正例数目大于 1，为了处理这种情形，本书的文法约束学习采用分治策略来处理多实例的

学习,每次学习目标谓词的一个定义子句(该子句满足搜索停止准则),并将学习到的子句加入背景知识中,然后从约束学习正例集中删除掉那些已被新的背景知识所覆盖的正例,并继续学习下一个子句,直到正例集合为空或学习过程满足 GCL 学习停止条件。

GCL 算法的总体框架如图 5.6 所示。

Algorithm Grammar Constraint Learning(GCL) algorithm

Input:背景知识 B,文法规则 i 约束学习正例集: E_i^+ ,约束学习负例集 E^-

Output:子句集 $Hset_i$

Begin

1. 初始化 $Hset_i = \{\}, N = |E_i^+|$;

2. Repeat

3.   如果 E_i^+ 为空,return $Hset_i$

4.   取 E_i^+ 中的一个正例 e ;

5.   依据 e 构建最特殊子句 $\perp_e = MSC(e)$

6.   调用 $H = GCL\text{-}Search(E_i^+, E_i^-, \perp_e)$,构建理论 H(子句形式),令

7. $Hset_i = Hset_i \cup H$。

8.   令 $B = B \cup H$

9.   令 $E_i^{+'} = \{e^+ : e^+ \in E_i^+ \ and \ B \models e^+\}$

10.   令 $E_i^+ = E_i^+ - E_i^{+'}$

11. Until ($GCL\_Terminated(N, E_i^+) == true$)

12. return $Hset_i$

End.

图 5.6 GCL 算法的总体框架

在 GCL 算法中,函数 MSC 依据选取的正例构建一个最特殊子句,函数 $GCL\text{-}Search$ 执行学习一条子句的操作,即在假设空间中搜索正确解的过程。本书将在后续章节中详细介绍这两个函数。

5.4.3 文法约束的模式定义

文法约束学习的训练集是由实例化的子句组成的集合,而为了能够学习到正确的文法约束,需要对所要学习的约束的形式事

先进行定义。本书采用与 Progol 系统类似的模式声明语言[142]。

（1）类型定义

首先需要定义一些类型（包括变量和常量），这些类型将在模式声明语言中使用。比如，本书的文法约束学习中涉及的关于"词串"的类型声明如下：

```
% types
    wordStr(开通).
    wordStr(了).
    wordStr(的).
    wordStr(已).
    wordStr(不了).
    wordStr(不能).
    wordStr(能).
    …
```

其中，wordStr 为类型名，上述定义表明"开通""了""的"等词的类型为 wordStr。

（2）文法约束的模式定义

文法约束 H 的模式定义描述了给定类型的实体之间的关系（即谓词），而这些关系将被使用于文法约束 H（子句）的头或者体中。下面给出本书的文法约束模式的 CNF 定义：

文法约束 H 模式 $::= modeh(recall, pred\_h(mterm, \cdots, mterm))$

%文法约束的头

$|modeb(recall, pred\_b(mterm, \cdots, mterm))$

%文法约束的体

$recall ::= n$　%原子例化的数目限制，n 为大于 0 的有限数

$|*$　%缺省值，由系统来决定例化的原子数

$pred\_h ::= failParse$　　%要学习的文法约束的目标谓词，表示一个句子解析失败

$pred\_b ::= contain \mid end\text{-}with \mid begin\text{-}with \mid ...$

$mterm ::= $ 类型标识符 $type$

类型标识符 : : = + % type 为输入变量

|– % type 为输出变量

|# % type 为常量

type : : = wordstr | sent _ var | ANY _ const |...　　% 定义的类型名,如词串

类型、句子类型等

比如,本书所要学习的文法约束的模式定义(部分)如下所示:

```
%头声明:
: – modeh(1,failParse( +sent_const,))?
%体声明
: – modeb( ∗ ,contain( +sent_const,#ANY_const,#wordStr))?
: – modeb( ∗ ,end-with( +sent_const,# ANY_const,#wordStr))?
…
```

依据文法约束模式定义(设为 M),可以得到相应的文法约束语言 $L(M)$。

【定义 5.36】　(文法约束 H) 所要学习的文法约束 R_c 的形式为 $h: – b_1,\cdots,b_i,\cdots,b_n, H \in L(M)$,当且仅当

① h 是带有 + , – ,# 的头原子,用相应的变量、基项来替换,在本书中,h 为一元谓词 $failParse()$;

② b_i 是带有 + , – ,# 的体原子,用相应的变量、基项来替换,在本书,b_i 本文为预定义的谓词,如三元谓词 $end-with()$,详细解释见附录;

③ b_i 中的每一个输入类型的变量,或是头部 h 的输入类型,或是 b_j 中的输出类型($1 \leqslant j < i$);

④ H 中所有变量深度不超过设定阈值,其中 H 中某个变量 v 的深度定义为

$$d(v) = \begin{cases} 0 & \text{如果 } v \text{ 在 } H \text{ 的头部} \\ (\min_{u \in U_v} d(u)) + 1 & \text{其他} \end{cases} \quad (5\text{-}1)$$

式中,U_v 是含有 v 的体原子中的变量集合。

比如,下面是本书的一些可能的文法约束 *H* 的例子:

---

(1) *contain*(*A*, *ANY*-2,"不了") - > *failParse*(*A*)

(2) *end-with*(*A*, *ANY*-2,"了") - > *failParse*(*A*)

(3) *contain*(*A*, *ANY*-2,"不了") ∩ *end-with*(*A*, *ANY*-2,"了") - >

　　　failParse(*A*)

5.4.4　构造最特殊约束子句算法

为了提高算法的搜索效率,需要对搜索空间进行限制。类似于 Progol 系统[142],通过构造最特殊约束子句(用 ⊥ 表示)来对搜索空间进行限制,从而得到要学习的约束 *H* 的一个受限的假设空间。受限的假设空间用下式表示:

$$□ \leqslant H \leqslant ⊥$$

其中,≤表示 *θ*-包含关系,□表示空子句。这个假设空间具有一个最一般的位于顶部的元素□,并具有一个最具体的或者极小抽象的位于底部的元素,即上面构造的最特殊子句⊥。图 5.7 为搜索空间的图表示,与图 5.2 不同的是,这张图的下界是⊥,图中的虚线部分表示在将⊥作为下边界时,不需要再进行搜索的路径,由此看以看出,最特殊子句的构造限制了搜索范围,能够有效提高算法的效率。

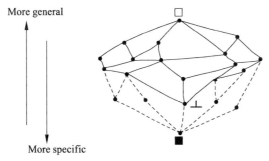

图 5.7　搜索空间缩减

最特殊约束子句的构造算法[142]如图 5.8 所示。

Algorithm　最特殊约束子句构造算法

Input：背景知识，一个正实例 e，模式说明

Output：最特殊约束子句 $\perp_e$

Begin

1. 初始化：

   取头模式说明，并将所定义的头原子内的项用不同的变量表示；

   建立哈希表，将其中的变量在哈希表中做出映射；

   初始化最特殊约束子句集为空集；

   建立搜索深度计数器，初值为 0；

   建立在当前正例中已被化为 hash 值 v_k 的头部项集合 InTerms，初值为空。

2. 构建最特殊约束子句头部：

   将已用不同变量表示头模式说明中所使用的置换记录如下：

   　　如果其变量对应于模式说明中的常量类型：用项替换变量；

   　　如果其变量对应于模式说明中的输出类型：用项替换哈希表中变量；

   　　如果其变量对应于模式说明中的输入类型：用项替换哈希表中变量；

   　　　　并且将该项记录在有关输入头部变量项的集合 InTerms 中；

   将变量化后的头模式说明直接记入最特殊约束子句集。

3. 构建最特殊约束子句的体部分：

   　对于模式说明中的每个体模式说明；

   　对于所有输入类型变量的所有可能替换，其中的定义域为 InTerms 中的项；

   　Repeat recall 次数

   如果 prolog 使用替换能够成功执行目标 b

   For each v/t in and

   　　如果变量 v 对应于体模式说明中的常量类型：用 t 替换 v；

   　　如果变量 v 对应于体模式说明中的输入类型：用 t 替换 $v_k(k=hash(t))$；

   　　如果变量 v 对应于体模式说明中的输出类型：用 t 替换 $v_k(k=hash(t))$

   　　并且将项并入新项集合：$InTerms:=InTerms+\{t\}$；

   　　将 InTerms 加入到 $\perp_e$。

4. 将当前变量深度增加 1。

5. 如果已达到预定义的变量最大深度，那么将得到的最特殊子句集作为下一步的已知部分；否则 return $\perp_e$。

End.

图 5.8　最特殊约束子句的构造算法

5.4.5　约束搜索算法

在学习一条约束时,约束搜索算法(GCL-Search)从最一般的子句(子句的体为空)开始,在搜索空间(即子句格)中进行自顶向下的启发式搜索,搜索的具体方式由搜索策略和启发式函数确定。

经典 ILP 系统 FOIL[158]采用自顶向下的爬山法搜索,虽然启发函数和停止准则的设置能够有效地处理噪音问题,但是其使得系统很难搜索到全局最优的解。Progol[142]采用了 A* 搜索,其最大的问题是难以处理噪音问题。

定向搜索[141]类似于广度优先搜索,不同点在于每次扩展候选节点时,只选取特定数量(即搜索宽度)的节点作为下一步的搜索起点,一般采用启发式原则来选取待扩展的节点。当搜索宽度为 1 时,定向搜索就等同于爬山法搜索,但是定向搜索能够在某种程度上避免陷入局部最优解。虽然定向搜索的搜索空间比爬山法大,故效率较低,但由于定向搜索比较容易实施并行化,因而效率问题不难在进一步的工作中用并行化来解决。本书的约束搜索采用了定向搜索策略,其中搜索宽度的缺省值设置为 3。约束学习搜索(GCL-Search)算法如图 5.9 所示:

在图 5.9 所示 GCL-Search 算法中,函数 $generate\_Candidate\_Literals(R, \perp_e)$ 的功能是根据构建的最特殊约束子句,对约束子句体中的所有文字($Literal$)进行评分,按照优先性顺序产生 $beamWidth$ 个候选文字。对于文字的评价主要可考虑以下几种启发式信息:

Algorithm　约束学习搜索（GCL-Search）算法

Input：正例集 E_i^+，负例集 E_i^-，选取的正例 e 的最特殊约束子句 $\perp_e$

Output：学习到的约束 Ri_e

Begin

1. $mostGeneralRule$ = 搜索空间中最一般的约束子句；

2. $beam = \{mostGeneralRule\}$；

3. $closedBeam = \{\}$；　　　　　　　　　//用于记录已考察过的约束子句

4. $beamWidth = 3$；　　　　　　　　　　//搜索宽度 $beamWidth$ 的缺省值设置为3

5. $bestClause = $ 空；

6. $while\ beam\ != $ 空 并且 $bestRule$ 不满足停止条件

7.　　$\{$

8.　　$newBeam = $ 空；

9.　　$for\ beam$ 中的每一个约束子句 R

10.　　$\{$

11.　　　　将 R 加入 $closedBeam$ 中；

12.　　　　$CliteralSet = generate\_Candidate\_Literals(R, \perp_e)$；

13.　　　　$newClauseSet = generate\_Candidate\_Clause(R, Cliterals)$；

14.　　　　$for\ newClauseSet$ 中的每一个约束子句 $newClause$

15.　　　　$\{$

16.　　　　　$if(f_c(newClause) > f_c(bestClause))$

17.　　　　　$\{$

18.　　　　　　$bestClause = newClause$；

19.　　　　　　$if(GCL\_Search\_Terminated(closedBeam, beam)\ is\ true)$

20.　　　　　　　$return\ bestClause$；

21.　　　　　$\}$

22.　　　　　$if(newClause$ 还可以进一步特殊化$)$

23.　　　　　$\{$

24.　　　　　　将 $newClause$ 加入 $newBeam$；

25.　　　　　　$if(newBeam$ 的宽度 $> beamWidth)$

26.　　　　　　$\{$

27.　　　　　　　从 $newBeam$ 中删去评分最低的约束；

28.　　　　　　$\}$

29.　　　　　$\}$

30.　　　　$\}$　　　　　　　　　　　// end for

31.　　$\}$　　　　　　　　　　　　// end for

32.　　$beam = newBeam$；

33.　$\}$　　　　　　　　　　　　// end while

34.　$return\ bestClause$；

End.

图 5.9　GCL-Search 算法

（1）谓词优先级

不同的谓词具有不同的重要性,其对文法约束的作用也是不同的,针对不同的应用场景及系统预置的谓词集合,可由人工定义一个谓词的优先级排序。在构造新的约束子句时,若有多个文字（*Literal*）可供选择,函数 *generate_Candidate_Literals* 将优先选择优先级较高的谓词所对应的文字。如本书的谓词 *begin-with* 优先级大于谓词 *contain*。

（2）常量项的评分

在最特殊约束子句 $\perp_e$ 中可能有多个由相同谓词所构建的文字,比如下面的一个最特殊约束子句 $\perp_e$:

$contain(S, wildcard\text{-}2, "不了") \cap contain(S, wildcard\text{-}2, "的")$
$\cap\ end\text{-}with(S, wildcard\text{-}2, "了") \rightarrow failParse(S)$

其中包含了两个由相同谓词 *contain* 构造的文字。从这个例子可以明显地看到,在构造文法约束时,字符串"不了"相比于"的"具有更重要的作用。本书通过计算谓词中字符串常量的 *Idf* 值来评价那些具有相同谓词,但常量项（如常量字符串）不同的文字,评价公式如下:

$$literal_{score}^w = \log(N/n_w) \tag{5-2}$$

式中,n_w 表示语料库中包含字符串 w 的句子数目;N 表示语料库中所有句子的数目。

在实现函数 *generate_Candidate_Literals* 时,首先依据预定义的谓词优先级来选择文字,若存在多个相同谓词的文字,再按照其中常量项的评分进行优先级排序。

另外,函数 *generate_Candidate_Clause*(*R*, *Cliterals*) 的作用是依据产生的文字候选集合和当前子句,将文字项加入当前子句的体中构成当前子句。

最后,在 GCL-Search 算法中,判断语句" *if*(f_c(*newClause*) > f_c(*bestClause*))"中的"f_c(*newClause*) > f_c(*bestClause*)"指的是约束

newClause 的启发式评价函数值大于约束 *bestClause* 的启发式评价函数值。我们将在下节介绍 GCL-Search 的启发式函数 f_c。而 Terminated 函数则判别对当前约束子句的搜索是否满足了停止条件,若满足,则停止搜索,并返回当前学习得到的约束子句。Terminated 函数定义了 GCL-Search 算法的停止条件。

5.4.6 文法约束学习的启发式函数

在文法约束学习(GCL)中,有两大类启发式原则,一类用来指导搜索的方向,另一类用来决定停止搜索的时间。

(1)约束子句启发式评价函数

约束子句启发式评价函数的作用是对当前学习出的约束子句进行评价。评价函数需要考虑约束子句的划分效果和约束子句的复杂度两个重要因素。经典的 ILP 系统的启发函数主要考虑准确率、基于信息量和基于概率三类信息,这些启发式函数主要考虑了子句对训练集的分类效果,但并没有考虑子句的复杂度。

奥卡姆剃刀准则(Occam's Razor)指出,"Simpler explanations are, other things being equal, generally better than more complex ones (在其他条件相同的前提下,简单的解释总比复杂的解释好)"。在文法约束学习过程中,若有两个约束子句覆盖的正例数和反例数都相同,那么依据奥卡姆剃刀准则,则更倾向于较简单的约束子句,即较简单的约束子句的评价函数值更大些。本书以约束子句体的长度即子句体中所包含的文字的数目来度量约束子句的复杂程度。在约束子句启发式评价函数中,我们主要考虑以下几个因素:

① 约束子句 c 所覆盖的正例数,用 p_c 表示,形式化表示为

$$p_c = |\{e : e \in E_i^+ \text{ and } B \wedge c \models e\}| \tag{5-3}$$

② 约束子句 c 所覆盖的反例数,用 n_c 表示,形式化表示为

$$n_c = |\{e : e \in E_i^- \text{ and } B \wedge c \models e\}| \tag{5-4}$$

③ 约束子句 c 的长度,即约束子句体中所包含的文字数,用 l_c 表示,形式化表示为

$$l_c = |c| - 1 \tag{5-5}$$

综合上面几个因素,约束子句启发式评价函数的形式为

$$f_c = \frac{|E_i^+|}{p_c} \cdot (p_c - l_c - n_c) \tag{5-6}$$

式中,$|E_i^+|$ 表示输入系统的正例总数。式(5-6)可以确保 f_c 函数对 p 依然是单调增函数的同时对其进行归一化处理。

（2）停止准则

本书的停止准则分为 GCL-Search 停止准则和 GCL 学习停止准则。GCL-Search 停止准则决定何时停止对当前约束子句添加文字;GCL 学习停止准则决定何时停止构造目标谓词新的定义子句（即停止约束学习过程）。在不含噪音的精确论域上,GCL-Search 停止准则要求当前约束子句对训练例和背景知识一致（即当前约束子句不覆盖任何反例时,停止对该约束子句的特殊化操作）;而在含有噪音的实际应用场景中,GCL-Search 停止准则不一定要求学习到的约束子句对训练例和背景知识完全一致,即约束子句可以覆盖一定比例的反例,这一比例由最终的期望准确率决定。GCL 学习停止准则则要求所有的正例都被覆盖,即归纳出的假设完备地包含背景知识和训练例。在实际应用中,为了得到更紧凑的概念描述,特别是为了抗噪音,ILP 系统也常常采用其他一些带有统计特性的停止准则。

若 GCL-Search 采用较严格的停止条件,即约束子句覆盖的反例数目必须为 0,则定义 GCL-Search 的停止准则如下所示:

$$GCL\_Search\_Terminated(S, B) = \begin{cases} true & \text{若 } s = best(S), n_c^s = 0, f_c(s) > 0 \\ & \text{并且对于任意的 } s' \in B, f_c(s) \geqslant f_c(s') \\ false & \text{其他} \end{cases}$$

$$\tag{5-7}$$

式中,S 表示已被算法检查过的所有候选约束子句的集合;B 表示已经扩展的、待考察的约束子句的集合。从式(5-7)可以看出,由于 S 中得分最高的约束子句 s 已经不覆盖任何反例($n_c^s=0$),n_c^s 已经达到最小值,并且 B 中所有子句的启发式评价函数值均不大于 s 的评价值,此时所有这些待考察的子句,以及对这些子句继续扩展得到的其他子句将不再可能产生更好的结果,所以,GCL-Search 算法可以在此终止搜索。搜索算法能够确保正常终止并返回具有最大解释能力及最小复杂度的子句。搜索算法的最坏情况是遍历搜索空间中的每一个子句。

若 GCL-Search 采用较为宽松的停止条件,即不要求约束子句覆盖的反例数目必须为 0,则定义 GCL-Search 的停止准则如下所示:

$$GCL\_Search\_Terminated(S,B) = \begin{cases} true & \text{若 } s = best(S),(n_c^s/N_c) < THD_N, f_c(s) > 0 \\ & \text{并且对于任意的 } s' \in B, f_c(s) \geqslant f_c(s') \\ false & \text{其他} \end{cases}$$

$$(5\text{-}8)$$

式中,N_c 表示反例集合的大小;n_c^s 表示被最高得分的约束子句所覆盖的反例数;THD_N 表示反例覆盖比例阈值,这一阈值可根据系统的预期准确率及噪声数据的比例确定。其他符号的含义同式(5-7)。由于本书所处理的是人类的自然语言,具有较多的噪声数据,故本书采用较为宽松的 GCL-Search 停止条件。

本书的 GCL 学习采用较为宽松的停止准则:若当前只剩下相对过少的正例,使得学习出的子句没有统计意义,则停止搜索新的子句。GCL 学习停止准则定义如下:

$$GCL\_Terminated(S,S') = \begin{cases} true & \text{若 } \dfrac{S'}{S} < THD_G (THD_G \text{ 为设置的阈值}) \\ false & \text{其他} \end{cases}$$

$$(5\text{-}9)$$

式中,S 表示在文法约束学习之前正例集中正例的个数;S' 表示当前正例集中正例的个数,当两者之比小于设定阈值 THD_G 时,我们认为由此学习出的子句没有统计意义,整个学习过程停止。

5.5　学习场景举例

假如待学习文法约束的文法规则为

> 文法规则 $r1$：<怎么词类> $\$_1$ <关闭词类> $\$_2$ <服务类>#业务关闭方法@ $constraints = NULL$

上述规则中的约束部分为空,需要通过约束学习算法获得。

在系统运行过程中,记录那些可以使用上述文法解析的查询句子,并且该条文法规则的匹配得分在所有可匹配文法规则中最高。通过与人工交互的方式,判断文法解析结果是否正确(即判断该条文法规则的查询意图是否与句子的真实查询意图一致),依据判断结果,若文法规则的查询意图与查询语句的真实意图一致,则将其放入"规则解析正例集"中;反之,若文法规则的查询意图与查询语句的真实意图不一致,则将其放入"规则解析反例集"中。下面给出了文法规则 $r1$ 的解析正例集和解析反例集的部分例子。

> 解析正例集:
> 　+ sent1:怎么取消已开通的彩铃?
> 　+ sent2:怎么关闭我的彩铃?
> 解析负例集:
> 　− sent3:怎么关闭不了彩铃?
> 　− sent4:怎么不能关闭已开通的彩铃?

基于上述 5.4.1 节中的相关定义,本书要学习的目标谓词为 *failParse*,在下一步骤进行形式转换时,要将"解析正例集"转换得到的子句集合作为约束学习的反例集,而将"解析反例集"转换得到的子句集合作为约束学习的正例集。

在生成约束学习正例集和反例集时,要依据系统预置的谓词集,生成子句集。为了方便描述,下面只选取 $contain$,$end\text{-}with$ 两个谓词进行举例,两个谓词的含义如下所示。

---

(1)$contain($ <参数 0 >,<参数 1 >,<参数 2 >$)$

说明:在 < 参数 0 > 所代表的句子中,< 参数 1 > 是否包含 < 参数 2 >,即 < 参数 3 > 是 < 参数 2 > 的一个子串。包含则返回 $true$;否则返回 $false$。

(2)$end\text{-}with($ <参数 0 >,<参数 1 >,<参数 2 >$)$

说明:在 < 参数 0 > 所代表的句子中,< 参数 1 > 是否以 < 参数 2 > 结尾。是则返回 $true$;否则返回 $false$。

以解析正例集中的例句 1 为例,文法规则 $r1$ 与句子的匹配如图 5.10 所示。

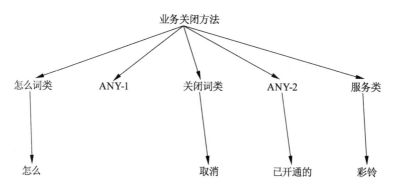

图 5.10　句子解析树 1

从图 5.10 所示解析树可以看出,第一个通配符没有匹配任何成分,第二个通配符匹配了句子中的子串"已开通的",依据谓词的定义及对匹配的字符串进行分词后,将谓词实例化。如由谓词 $contain$ 得到三个实例化的谓词:

---

(1)$contain(sent1,ANY\text{-}2,"已")$

(2)$contain(sent1,ANY\text{-}2,"开通")$

(3)$contain(sent1,ANY\text{-}2,"的")$

类似地,实例化其他谓词,并生成子句。最后转换得到的子句为

$contain(sent1,ANY\text{-}2,"已") \wedge contain(sent1,ANY\text{-}2,"开通")$
$\wedge contain(sent1,ANY\text{-}2,"的") \wedge end\text{-}with(sent1,ANY\text{-}2,"的")$
$\rightarrow failParse(sent1)$

注意,在转换后,上述子句将放入约束学习的反例集中。

类似地,对其他例子做同样的转换。下面列出约束学习的反例集和正例集(例子序号前的" + "表示是一个约束学习正例," - "表示是一个约束学习的反例)。

约束学习反例集:
$-e1:$
$contain(sent1,ANY\text{-}2,"已") \wedge contain(sent1,ANY\text{-}2,"开通")$
$\wedge contain(sent1,ANY\text{-}2,"的") \wedge end\text{-}with(sent1,ANY\text{-}2,"的")$
$\rightarrow failParse(sent1)$
$-e2:$
$contain(sent2,ANY\text{-}2,"我") \wedge end\text{-}with(sent2,ANY\text{-}2,"的") \rightarrow failParse(sent2)$
约束学习正例集:
$+e3:$
$contain(sent3,ANY\text{-}2,"不了") \wedge end\text{-}with(sent3,ANY\text{-}2,"了") \rightarrow failParse(sent3)$
$+e4:$
$contain(sent4,ANY\text{-}1,"不能") \wedge end\text{-}with(sent4,ANY\text{-}1,"能")) \wedge$
$contain(sent4,ANY\text{-}2,"已") \wedge contain(sent4,ANY\text{-}2,"开通") \wedge$
$end\text{-}with(sent4,ANY\text{-}2,"的") \rightarrow failParse(sent4)$

算法首先从约束学习正例集中选取一个正例,并依据构造最特殊约束子句算法,构造一个最特殊约束子句。比如,选取正例集中的 $e3$,构造得到最特殊约束子句,用 $\perp_{e3}$ 表示,如下所示:

$\perp_{e3}: contain(S,ANY\text{-}2,"不了") \wedge end\text{-}with(S,ANY\text{-}2,"了") \rightarrow failParse(S)$

由前面的算法可知,搜索空间是按照 θ-包含关系组织的约束子句格,因为 $H \leq \perp_{e3}$,一定存在一个 θ-替换,使得 $H\theta \subseteq \perp_{e3}$,所以对

于 H 中的每一个文字 l，在 $\perp_{e3}$ 中一定存在一个文字 l'，使得 $l\theta = l'$。所以搜索算法只需要简单地根据 $\perp_{e3}$ 中的文字列表及 θ-替换在约束子句格（即搜索空间）中进行搜索。

任何 θ-包含最特殊约束子句的 H 对应着进行了 θ-替换的 $\perp$ 中的文字子集。需要指出的是，子句的头（即目标谓词 $failParse$）一般都是需要置于这个文字子集中的，因为这样得到的约束对我们才是有意义的。

依据上述构造的假设空间，算法将首先构造一个从只包含最特殊约束子句中的头的子句，并将此作为候选约束 CH_1：

$(CH_1) failParse (S)$

然后，算法将会测试这个候选约束 CH_1 分别覆盖了多少正例和反例。若测试结果不符合搜索退出条件，算法将继续构造新的约束假设。因为候选约束 CH_1 不满足 GCL-Search 停止条件，故算法会继续构造下面的候选约束 CH_2，CH_3，CH_4：

$(CH_2) contain(S, ANY\text{-}2, "不了") -> failParse (S)$
$(CH_3) end\text{-}with(S, ANY\text{-}2, "了") -> failParse (S)$
$(CH_4) contain(S, ANY\text{-}2, "不了") \wedge end\text{-}with(S, ANY\text{-}2, "了") -> failParse (S)$

逐一测试构造的候选约束是否符合退出条件，若符合退出条件，则将此候选理论作为最终的学习结果，并退出搜索过程。对本例来说，下面的约束子句符合搜索退出条件：

$(H_1) contain(S, ANY\text{-}2, "不了") -> failParse (S)$

在对一个正例进行完上述步骤后，依据 GCL 学习算法，将那些被上述理论 H_1 所覆盖的正例从正例集中去除，并继续对其他正例施用同样的学习步骤，直到满足 GCL 学习停止条件。对于本例，GCL 学习算法得到下面约束集（子句集）：

$(H_1) contain(S, ANY\text{-}2, "不了") \to failParse(S)$

$(H_2) contain(S, ANY\text{-}1, "不能") \to failParse(S)$

5.6　学习算法评测

本书所提出方法的评测包括两部分:第一部分的测试主要是从传统的 ILP 系统的角度出发,对文法约束学习算法本身的性能进行评测,即测试文法约束学习到的约束是否具有良好的预测性能,学习出的文法约束是否能覆盖尽量多的正例,并且排斥尽量多的反例;而第二部分的测试则是从 NLU 应用的角度出发,将学习到的文法约束与相应的文法规则相结合,并测试带有文法约束的语义文法是否能提升问答系统的性能。

5.6.1　测试数据

(1) 约束学习算法评测数据

对于第一部分的测试,如本章的引言部分所述,我们依照规则使用历史匹配准确率,从规则库中选择了 5 个历史准确率较低的规则(用 r1,r2,r3,r4,r5 表示),并分别搜集了规则的解析正负样本集合,用 T1,T2,T3,T4,T5 表示,5 个数据集的相关情况如表 5.2 所示。

表 5.2　规则的训练集大小

样例类型	T1	T2	T3	T4	T5
解析正例数	30	60	100	200	250
解析反例数	20	40	100	100	150
总数	50	100	200	300	400

依据 5.4 节中的相关定义,将上述数据进行转换,分别形成可

用于文法约束学习的数据集。对于每一个数据集,我们随机地取数据集的一半数目的反例及一半数目的正例作为训练集,并将剩余的反例和正例组成测试集。

(2) 基于带约束语义文法的 NLU 评测数据

数据集 1:BSC Data Set,数据集中的问题是关于某个银行的产品或业务的咨询,比如关于如何办理信用卡或汇款手续费等。数据集中包括 10000 个咨询问题。

数据集 2:MSC Data Set,数据集中的问题是关于某个通信公司的产品或业务的咨询,比如关于手机归属地查询或办理通信套餐业务等。数据集中包括 10000 个咨询问题。

根据两个数据集所在领域,系统设计人员分别设计了两个领域本体及相应的语义文法。

在训练时,我们按照规则库中的所有规则的历史匹配准确率,对于历史匹配准确率小于设定阈值(如 60%)的规则,按照 5.5 节中的方法,搜集规则的解析正例集和解析反例集,并形成约束学习训练集。

为了测试整个方法的可伸缩性能(Scalability Test),在构造文法约束学习的训练数据集时,我们按照平均每个规则的训练集大小渐增的方式,分别构造了 10 个不同量级的训练集,如表 5.3 所示。其中,表中的数值表示平均每个规则所使用的约束学习的训练集大小,其中训练集由正例集和反例集组成,两者大小相等。

表 5.3 平均每个规则的训练集大小分布

训练集	$C1$	$C2$	$C3$	$C4$	$C5$	$C6$	$C7$	$C8$	$C9$	$C10$
平均每个规则所对应的训练集大小	20	40	60	80	100	120	140	160	180	200

5.6.2 评价指标

从传统的 ILP 角度出发,可使用语义约束的预测准确率来衡量约束学习的性能。预测准确率的公式定义如下：

$$PAccuracy = \frac{\left| \{ e | Predict(e) = + \text{ and } e \in E_i^+ \} \right| + \left| \{ e | Predict(e) = - \text{ and } e \in E_i^- \} \right|}{|E_i^+| + |E_i^-|}$$

$$(5\text{-}10)$$

式中，函数 $Predict(e)$ 表示由学习到的文法约束（用子句表示）来预测给定的实例 e 是正例（用"＋"表示）还是反例（用"－"表示）。

　　而对于文法约束学习的应用效果的评价，本书采用精确率（Accuracy）和平均排序倒数（Mean Reciprocal Rank，MRR）这两个指标来评价带约束的语义文法在整个 QA 系统中自然语言理解的性能，定义如下：

$$Accuracy = \frac{\left| \{ t \in T | rank(TA(t)) = 1, TA(t) \in trees(t) \} \right|}{|T|} \quad (5\text{-}11)$$

$$MRR = \frac{1}{|T|} \cdot \sum_{t \in T} \frac{1}{rank(TA(t))} \quad (5\text{-}12)$$

式中，T 表示整个测试集；$TA(t)$ 表示句子 t 的正确的解析结果；$trees(t)$ 表示系统对句子 t 的所有解析结果；$rank(TA(t))$ 表示用于计算句子 t 的正确分析结果在其所有分析结果中的排名。

　　另外，由前面的语义文法分析算法可知，当使用不带约束的语义文法分析句子时，分析算法会得到一个按照得分高低排序的所有分析结果的列表，在解析阶段，算法并不会排除或拒绝任何分析结果，而引入文法约束后，当句子能够使用文法的规则部分进行解析，却不能满足规则的文法约束，导致解析失败，这时，分析算法会将此分析结果从候选列表中排除。本书用拒绝率来评价带约束的语义文法的性能，定义如下：

$$Reject\ Rate = \frac{\left| \{ t | Match(t,r) = true \text{ and } checkConstraint(t,r) = false, \ t \in T, r \in G \} \right|}{\left| \{ t | Match(t,r) = true, \ t \in T, r \in G \} \right|}$$

$$(5\text{-}13)$$

式中，T 表示测试语料；G 表示所有语义文法规则；$Match(t,r) = true$ 表示句子 t 与文法规则 r 的规则部分匹配成功；$checkConstraint(t,r) =$

false 表示句子 *t* 不满足规则 *r* 的文法约束,这时系统将认为用规则 *r* 分析句子 *t* 失败。

5.6.3 实验结果及分析

表 5.4 列出了在 5 个不同大小的训练集和测试集的规则上,文法约束学习预测准确率的评测结果。

表 5.4 文法约束学习预测准确性

指标	*T1*	*T2*	*T3*	*T4*	*T5*
训练集大小	25	50	100	150	200
测试集大小	25	50	100	150	200
PAccuracy	88.4%	88.7%	89.8%	90.5%	91.4%

从表 5.4 可以看出,对于不同的规则,随着训练集变大,学习出的文法约束的预测准确性也在提高,而与规则本身关系不大,这说明文法约束学习需要依赖于较大的训练集。通过观察发现,在训练集较小时,预测错误主要发生在对反例的预测错误,而当训练集增大时,对反例的预测准确性可以明显提高,这说明训练集中的反例集的规模对最终学习到的文法约束的质量具有很大的影响。

另外,本书还进行了方法的可扩展性测试,该测试的主要目的是观察算法的性能与训练集大小的关系,若算法的性能与训练集大小之间呈线性关系,说明可以通过增加训练数据的方式来提高算法的性能。图 5.11 和图 5.12 分别给出了算法应用于 BSC 和 MSC 两个数据集上的准确率(Accuracy)和 MRR 值的可扩展性测试结果。其中,横轴表示用于文法约束学习的平均每个规则的训练集大小,纵轴分别表示测试数据集上的准确率和 MRR 值。

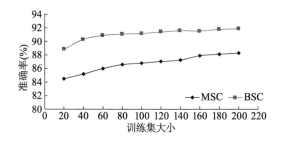

图 5.11　文法约束学习在两个测试数据集上的可扩展性测试 1(Accuracy)

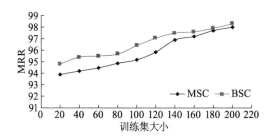

图 5.12　文法约束学习在两个测试数据集上的可扩展性测试 2(MRR)

从图 5.11 和图 5.12 可以看出,算法在训练集增长后,学习到的文法约束得到了较好的性能提升(包括准确率和 MRR 值)。另外,从这两幅图可以看出,当算法应用于较小规模的领域(如图中的 BSC)时,由于领域概念较少,且概念间的关系较简单,在训练集规模较小时,算法就能取得较大的性能提升。如在图 5.11 中,当训练集大小由 20 提高到 40 时,算法的准确率就提高了 1.5%,相应地,在较大规模的领域中,算法的准确率只提高了 0.7%。同样地,在 MRR 的可扩展性测试中,当训练集大小由 20 提高到 40 时,算法在 BSC 和 MSC 两个领域的 MRR 值分别提高了 0.6% 和 0.3%。但是,从整体来说,算法在应用于较大规模时,可扩展性曲线能够呈现出较好的线性关系,如图 5.11 和图 5.12 中的 MSC 曲线,这说明我们的方法在较大领域规模中能够呈现出良好的性能,算法随着训练集的增多,其整体性能也在提高。

另外,本书还对增加文法约束前和通过文法约束学习增加文法约束后的文法性能进行了比较。表 5.5 和表 5.6 分别列出了在两个测试数据集上的测试结果。其中,每个规则的训练集大小平均取 200 条。

表 5.5　BSC 约束学习前和约束学习后的文法性能比较　　%

指标	无文法约束	添加文法约束后
准确率	88.6	91.9
MRR	94.6	98.3
拒绝率	0	35.2

表 5.6　MSC 约束学习前和约束学习后的文法性能比较　　%

指标	无文法约束	添加文法约束后
准确率	84.3	88.3
MRR	93.7	98.0
拒绝率	0	46.3

从表 5.5 和表 5.6 可以看出,在拒绝率提升的同时,系统的准确率和 MRR 值没有下降,反而都有一定的提升,说明带语义约束的文法排除了很多错误的分析结果(即将错误结果从候选分析结果列表中删除),使得原来排名比较靠后的正确结果排名提升了,甚至一些正确结果排到了首位,从而使得准确率和 MRR 值都得到了提高。但由于自然语言的随意性比较大,搜集的用于约束学习的训练数据并不全面,导致学习到的文法约束无法完整表达文法规则的语义约束,不能完全排除其他错误的分析结果。同时,系统还出现了一些误判的情形,即将正确的分析结果从候选结果中删除了。所以从表 5.5 和表 5.6 可以看出,相对于 MRR 值来说,准确率提高得较少。

5.7 讨论

（1）算法效率问题

目前,在学习文法约束时,需要对文法规则库中的每一个规则分别收集文法约束训练集,再分别学习文法约束,这在规模较大的领域应用中,系统的学习效率较低。但是,我们注意到,各个规则之间的约束一般来说是相互独立的,所以,在将来的工作中可以考虑对文法约束学习算法进行并行化处理。

（2）数值型约束问题

目前的文法约束学习还不能处理数值型的约束,而这在语义文法的约束中也是比较重要的内容,比如,语义文法中可以对词在句子中的位置、词串的长度等进行约束,在将来的约束学习中要考虑增加数值型文法约束学习模块。

（3）搜索效率问题

从前面的约束学习算法的描述可以看到,约束学习本质上是一个搜索问题,虽然采用最特殊子句对搜索空间进行了限制,以及采用了一些启发式的搜索策略,但对于较复杂的文法约束（比如,一条文法约束中的文字数很多）来说,上述策略还是不能显著地提高搜索效率。在将来的工作中需要考虑在搜索时,根据一些启发式原则对搜索空间进行动态的剪枝处理,以减小搜索范围。

（4）数据集问题

在上述测试中,我们发现学习到的文法约束会出现一些误判的情形,其中一个原因是我们学习到的文法约束过于抽象,导致将一些本来分析正确的情形也排除在外了,所以需要收集较全面的、用于约束学习的正负例数据集,特别是负例数据集,因为如果负例数据(注意,用于约束学习的负例数据对应于文法规则的解析正例)不全,一些错误的文法约束在用负例进行验证时,由于数据不全而验证成功,从而学习到这些错误的文法约束。

(5)通配符对齐问题

本书提出的语义文法的一大特点是鲁棒性较高。鲁棒性主要来源于通配符的引入和规则的匹配控制约束,本书的约束学习依赖于约束学习训练语料的收集,而当所引用的规则的匹配控制约束为无序匹配的情形时,在某些情况下,目前的解析模块难以确定通配符的匹配情况,从而难以形成约束学习的训练数据。对于这种情形,在将来的工作中需要改进解析模块,使得无序匹配的规则能够准确定位通配符的匹配情况。

5.8　本章小结

语义文法是一种具有较强鲁棒性的文法形式,它能够灵活处理用户查询句子中不合语法的现象,并正确理解用户的查询意图,但这种灵活性也带来了很多分析歧义,而带约束的语义文法可有效地解决部分歧义问题。在现实应用中,手工增加文法约束的低效低质,将成为发展这类系统的瓶颈。本章首先提出了一种有监督的文法约束学习方法,通过对所要解决的问题进行分析及建模,将文法约束学习问题看作经典的 ILP 问题,该方法通过人工挑选出文法规则的解析正反例集合,并将之转换成适合于文法约束学习的训练集;其次,依据训练集学习可以覆盖尽量多正例并且覆盖尽量少反例的约束;最后,对提出的方法在两个应用领域进行了实验,实验结果表明使用本章提出的方法学习到的语义文法约束,可明显提高 NLU 系统的相关指标(准确率、MRR、拒绝率等)。

第 6 章　结论与展望

Bill Gates 曾在"微软新一代技术展望"大会上指出,随着通信技术和网络技术的发展,海量信息已不可能在有限的屏幕上呈现,人们要求能随时随地获取信息,而键盘、手写笔、摄像头之类的工具显然不能满足要求了,最终的人机接口只能是具有自然语言理解能力的接口。在这种大背景下,本书主要研究了面向领域问答系统的自然语言理解方法及与之相关的自动文法学习方法等。现将本书的主要研究成果及对未来工作的展望列举如下。

6.1　主要研究成果

本书的主要研究成果列举如下:

(1)研究和实现了一种基于带约束语义文法的 NLU 方法及 QA 系统

本书提出了一种面向领域问答系统的自然语言理解技术框架。首先,本书提出了一种通用的带约束的语义文法形式;为确保对此语义文法的解析效率和实时性要求,本书通过对通用的语义文法形式增加限制,提出了一种扁平型的语义文法形式,并提出了相应的语义文法解析算法;在此基础上,本书提出了一种基于领域本体和带约束语义文法的自然语言理解方法。

为了验证方法的有效性,将方法应用到两个不同规模的应用领域的业务信息问答系统,实际运行结果表明,本书提出的方法切实有效,系统理解准确率分别达到了 82.4% 和 86.2%,MRR 值分别达到了 91.6% 和 93.5%。

（2）研究和实现了基于本体和语义文法的上下文相关问答系统

本书在所提出的非上下文相关问答系统的基础上，提出了一种可以处理上下文相关问题的方法及系统 OSG-CQAs。在本方法中，首先识别当前问题是否是一个相关问题（Follow-up Question），若是，依据提出的上下文相关类别识别算法来识别其与前面问题的具体的相关类别。其次，本书提出了一种语境信息融合算法，即根据相关类别，利用话语结构中的语境信息对当前的相关问题进行重构，并提交到非上下文相关问答系统 OSG-QAs 中。

最后，将方法在两个不同规模的领域进行测试，并与相关系统或方法进行比较，测试结果表明，本书所提出的方法具有较好的可扩展性。在总体测试中，本书提出的方法比基线系统获得了更好的效果，同时利用手工将所有上下文相关问题进行上下文消解，系统与此也进行了比较，并获得了相近的性能。

（3）研究和实现了基于种子的语义文法扩展学习方法

手工构造语义文法过程效率较低，难以保证语义文法对领域的覆盖度，逐渐成为发展这类系统的瓶颈。本书研究了一种基于语义文法种子的文法扩展学习方法。首先，通过种子文法对解析失败的句子进行部分解析，在此基础上，本书试图构建句子的完整解析树，包括预测部分解析结果的顶层节点、生成新扩展文法规则假设、验证假设等，并对扩展学习到的文法规则进行一些后处理操作，包括对规则进行概化处理、冗余检测等。其次，本书提出了两种文法扩展学习范式即增量式学习范式和批量式学习范式。在批量式学习中，本书提出了一种通过对学习语料中数据的"可学习性"度量来筛选学习对象，从而提高文法扩展学习的整体质量和效率。在增量式学习中，通过与用户的交互来辅助文法学习过程，极大地提高了文法学习质量。

最后,在两种学习范式下,本书分别考察了系统的性能,其中在增量式学习范式下,我们通过让 10 个用户与两个系统(MSC 和 BSC)进行交互,并记录相关系统数据,统计结果表明,系统具有较强的自学习能力;而在批量式学习范式下,分别利用训练语料进行文法扩展学习后,测试了更新后的文法在两个领域数据集上的相关性能指标,实验结果表明本章所提出的方法是有效的。

(4) 研究和实现了语义文法约束学习方法

本书给出的语义文法是一种具有较强鲁棒性的文法形式,它能够灵活处理用户查询句子中不合语法的现象,并正确理解用户的查询意图。但这种灵活性也带来了很多分析歧义,带约束的语义文法可有效地解决部分歧义问题。但是,在现实应用中,手工增加文法约束的低效低质将成为发展这类系统的瓶颈。本书提出了一种有监督的文法约束学习方法,通过对所要解决的问题进行分析及建模,将文法约束学习问题看作一个 ILP 问题,通过人工挑选出文法规则的解析正反例集合,并将之转换成适合于文法约束学习的训练集。在文法约束学习中,本书提出了一种基于定向搜索策略(Beam-search)的搜索算法及算法停止条件,当算法满足停止条件时,整个学习过程停止。约束学习算法能够保证学习到可以覆盖尽量多正例并且覆盖尽量少反例的约束。最后,本书对提出的方法在两个应用领域分别进行了实验,实验结果表明使用本书所提出的方法学习到的语义文法约束,可明显提高 NLU 系统的相关指标(准确率、MRR、拒绝率等)。

6.2　未来工作展望

在以上工作的基础上,未来的工作可以围绕以下几个方面展开:

① 面向通用领域的带约束语义文法的文法解析器。目前,我

们的工作主要还是基于一种面向领域受限的带约束语义文法，它为下一步的工作指明了方向，证实了方法的有效性，目前的文法学习方法均可以较容易地扩展到通用领域语义文法中。

② 在上下文相关问题处理中，目前的问题之间上下文相关类别识别算法还主要是基于规则的方法，而基于规则的方法的一大缺点就是领域迁移问题，因为领域迁移时需要重新设计上下文相关模式等。在以后的工作中可以考虑使用机器学习方法，将上下文相关类别识别看成是一个分类过程，可以依据人工标注的语料来训练分类器。

③ 在人机交互过程中，人输入的自然语言(口语或文本)通常是不规范的(存在重复、省略、错误输入、词序混乱等现象)，这一特点对 QA 系统中的自然语言理解模块(NLU)提出了巨大的挑战，要求其能够鲁棒地处理用户的自然语言输入，容忍用户输入中的"小缺点"，并能够准确理解用户的意图。通常有两种途径来保证 QA 系统的鲁棒性：一种途径是设计一种可以容忍不规范的文法形式，本书提出的带约束语义文法的鲁棒性主要得益于文法规则中引入了通配符及文法规则的匹配控制约束等。这种方法的优点是可以简化文法解析器的设计；缺点是需要人工来控制文法的鲁棒性。另一种途径是设计一种鲁棒的文法分析器，而文法本身不需要做过多的鲁棒性设计。这种方法的优点是减少了人工对自然语言理解系统鲁棒性的干预；缺点是文法解析器较复杂，效率较低。在将来的工作中，可以同时从这两方面的角度出发，设计一种既可以减少人工参与，又可以简化文法解析器设计的自然语言理解方案。

④ 文法约束学习算法效率问题。目前，在学习文法约束时，需要对文法规则库中的每一个规则分别收集文法约束训练集，再分别学习文法约束，导致在规模较大的领域应用中，系统的学习效率就会较低。但是我们注意到，各个规则之间的约束一般来说是相互独立的，在将来的工作中可以考虑对文法约束学习算法进行并

行化处理,以提高文法约束学习算法的效率。

⑤ 目前的文法约束学习还不能处理数值型的约束,而这在语义文法的约束中也是比较重要的内容,比如,语义文法中可以对词在句子中的位置、词串的长度等进行约束,在将来工作中,需要在约束学习中考虑增加数值型文法约束的学习算法。

⑥ 本书所提出的文法扩展学习方法需要有核心文法的支持,核心文法的质量将直接影响文法扩展学习的效果。在将来的工作中,也可采用基于文法归纳的学习方法,在日常运行中将不能识别或识别错误的句子放入一个专门的语料库中,当此语料库中的句子达到一定规模时,可启动文法归纳学习方法来归纳学习文法规则,还可以借助已有的知识(核心语义文法、领域本体),从中归纳学习新的文法规则;也可以将两种文法学习方法相互补充,将两种文法学习的结果相融合。

参考文献

［1］燕鹏举. 对话系统中自然语言理解的研究［D］. 北京：清华大学,2002.

［2］Nanni F, Mitra B, Magnusson M, et al. Benchmark for complex answer retrieval［C］//Proceedings of the ACM SIGIR international conference on theory of information retrieval, 2017：293 – 296.

［3］Woods W A. Conceptual indexing：a better way to organize knowledge. Technical Report SMLI TR – 97 – 61［J］. Sun Microsystems, Inc., 1997：1 – 10.

［4］Green B F, Wolf A K, Chomsk C, et al. Baseball：an automatic question answerer［C］. Proceedings Western Computing Conference, 1961,19：219 – 224.

［5］Lynette H, Gaizauskas R. Natural language question answering：the view from here［J］. Natural Language Engineering, 2001,7(4)：275 – 300.

［6］Simmons R F. Answering English questions by computer：a survey［J］. Communications of the ACM, 1965, 8(1)：53 – 70.

［7］Zue V. Conversational interfaces：advances and challenges［C］. Proc. Eurospeech, 1997：9 – 18.

［8］Fraser N, Dalsgaard P. Spoken dialogue system：a European perspective［C］. Proc. Int'l Symp. Spoken Dialogue, 1996：25 – 36.

［9］Price P. Evaluation of spoken language systems：the ATIS domain［C］. Proc. DARPA Speech and Natural Language Workshop,

1990:91 – 95.

［10］ Bennacef S, Devillers L, Rosset S, et al. Dialog in the RAILTEL telephone-based system［C］. Proceedings of the 4th International Conference on Spoken Language Processing, 1996.

［11］ Lamel L, Bennacef S, Gauvain J L, et al. User evaluation of the mask kiosk［C］. Proc. ICSLP, 1998:2875 – 2878.

［12］ Jurafsky D, Wooters C, Tajchman G, et al. The Berkeley restaurant project［C］. Proc. ICSLP – 94, 1994.

［13］ Blomberg M, Carlson R, Elenius K O E, et al. An experimental dialogue system: Waxholm ［C］. Proc. Eurospeech, 1993:1867 – 1870.

［14］ Zue V, Seneff S, Glass J, et al. From interface to content: translingual access and delivery of on-line information［C］. Proc. EUROSPEECH′97, 1997,4:2227 – 2230.

［15］ Meng H, Busayapongchai S, Giass J, et al. WHEELS: a conversational system in the automobile classifieds domain［C］. Proceeding of Fourth International Conference on Spoken Language Processing. ICSLP′96. IEEE, 1996, 1: 542 – 545.

［16］ Huang C, Xu P, Zhang X, et al. LODESTAR: a mandarin spoken dialogue system for travel information retrieval ［C］. EuroSpeech, 1999,3:1159 – 1162.

［17］ 黄寅飞. 口语对话系统 easyNav 的研究与实现［D］. 北京:清华大学,2002.

［18］ 燕鹏举,陆正中,邬晓钧,等. 航班信息系统 EasyFlight［C］. 第六届全国人机语音通讯学术会议,2001:115 – 118.

［19］ 陈俊燕,王作英. 口语对话系统中一种稳健的语言理解算法［C］. 第七届全国人机语音通讯学术会议论文集,2003:14 – 18.

［20］ Wang X, Du L. The design of dialogue management in a

mixed initiative Chinese spoken dialogue system engine[C]. Proc. of ISCSLP, 2000:5356.

[21] 刘蓓, 杜利民. 汉语口语对话系统中语义分析的消歧策略[J]. 中文信息学报, 2005, 19(1): 77 – 84.

[22] 何伟, 袁保宗, 林碧琴, 等. 面向导游任务的人机口语对话系统的研究与实现[C]. 第六届全国人机语音通讯学术会议, 2001:97 – 101.

[23] 刘智博. 领域相关的文法推断研究[D]. 北京:清华大学, 2006.

[24] 邬晓钧. 对话管理和可定制对话系统框架的研究[D]. 北京:清华大学, 2003.

[25] 宗成庆. 统计自然语言处理[M]. 北京:清华大学出版社, 2008.

[26] Robert W, Chin D N, Luria M, et al. The Berkeley UNIX consultant project[J]. Computational Linguistics, 1994, 14(4):35 – 84.

[27] Carpenter B, Chu-Carroll J. Natural language call routing: a robust, self-organized approach[C]. Proc. Int. Conf. Spoken Language Proc, 1998:2059 – 2062.

[28] Moldovan D, Rus V. Logic form transformation of WordNet and its applicability to question answering[C]. Proceedings of the 39th Annual Meeting of the Association for Computational Linguistics, 2001: 402 – 409.

[29] Moldovan D, Harabagiu, Harabagiu A, et al. LCC Tools for Question Answering[C]. NIST Special Publication: SP 500–251, the Eleventh Text Retrieval Conference (TREC 2002), 2002.

[30] Androutsopoulos I, Ritchie G D, Thanisch P. Natural language interfaces to databases: an introduction[J]. Journal of Natural Language Engineering, 1995, 1(1):29 – 81.

[31] Losee R M . Learning syntactic rules and tags with genetic algorithms for information retrieval and filtering[J]. Information Processing & Management, 1996, 32(2):185 – 197.

[32] Thompson C A, Mooney R J. Automatic construction of semantic lexicons for learning natural language interfaces[C]. AAAI/ IAAI, 1999: 487 – 493.

[33] Zelle J M, Mooney R J. Learning to parse database queries using inductive logic programming[C]. Proceedings of the National Conference on Artificial Intelligence,1996: 1050 – 1055.

[34] Winiwater W. An adaptive natural language interface architecture to access FAQ knowledge bases[C]. Proc. of the 4th Int. Conf. on Applications of NL to Information Systems, 1999.

[35] Pasca M. A relational and logic representation for open-domain textual question answering[C]. ACL (Companion Volume), 2001:37 – 42.

[36] Copestake A, Sparck Jones K. Natural language interfaces to databases[J]. The Knowledge Engineering Review, 1990, 5 (4): 225 – 249.

[37] Binot J L. Natural language interfaces: a new philosophy [J]. Sun Expert Magazine, 1991.

[38] Ott N. Aspects of the automatic generation of SQL statements in a natural language query interface[J]. Information Systems, 1992, 17 (2):147 – 159.

[39] Mollá D, Schwitter R, Rinaldi F, et al. NLP for Answer Extraction in Technical Domains[C]. Proc. of EACL, 2003.

[40] Seneff S, Meng H, Zue V. Language modeling for recognition and understanding using layered bigrams[C]. Second International Conference on Spoken Language Processing,1992:317 – 320.

［41］Ward W. The CMU air travel information service: understanding spontaneous speech［C］. Proc. DARPA Speech and Natural Language Workshop, 1990: 127 – 129.

［42］Gavaldà M, Waibel A. Growing Semantic Grammars［C］. Proc. 36th Ann. Meeting of the Assoc. Computational Linguistics, 1998: 451 – 456.

［43］Kaiser E C, Johnston M, Heeman P A. Profer: Predictive, robust finite-state parsing for spoken language［C］//1999 IEEE International Conference on Acoustics, Speech, and Signal Processing. Proceedings. ICASSP99 (Cat. No. 99CH36258). IEEE, 1999, 2: 629 – 632.

［44］Burton R R. Semantic grammar: an engineering technique for constructing natural language understanding systems［J］. BBN Report 3453, Bolt, Beranek, and Newman, Cambridge, Mass, 1976.

［45］Waltz D L. An English language question answering system for a large relational database［J］. Communications of the ACM, 1978, 21(7):526 – 539.

［46］Hendrix G, Sacerdoti E, Sagalowicz D, et al. Developing a natural language interface to complex data［J］. ACM Transactions on database system, 1978, 3(2):105 – 147.

［47］Thompson F B, Lockermann P C, Dostert B H, et al. REL: a rapidly extensible language system［C］. Proceeding of the 24th ACM National Conference, 1969:399 – 417.

［48］Thompson F B, Thompson B H. Practical natural language processing: the REL system as prototype［J］. Advances in computers, 1975, 13: 109 – 168.

［49］Templeton M, Burger J. Problems in natural language interface to DBMS with examples from EUFID［C］. Proceedings of the 1st

Conference on Applied Natural Language Processing, Santa Monica, California, 1983: 3 – 16.

[50] Woods W A. Language processing for speech understanding [J]. In Computer Speech Processing, 1983:305 – 334.

[51] Dowding J, Gawron J M, Appelt D, et al. A natural language system for spoken-language understanding [C]. 31st Annual Meeting of the Association for Computational Linguistics, 1993:54 – 61.

[52] Ward W, Issar S. Recent improvements in the CMU spoken language understanding system [C]. Proc. ARPA Human Language Technology Workshop, 1996:213 – 216.

[53] Pieraecini R, Levin E. A learning approach to natural language understanding [M]. Speech Recognition and Coding. Springer, Berlin, Heidelberg, 1995: 139 – 156.

[54] Pieraccini R, Levin E. Stochastic representation of semantic structure for speech understanding [J]. Speech Commun, 1992, 11:283 – 288.

[55] Miller S, Bobrow R, Ingria R, et al. Hidden understanding models of natural language [C]. Proceedings of the 32nd Annual Meeting on Association for Computational Linguistics, 1994: 25 – 32.

[56] Della Pietra S, Epstein M, Roukos S, et al. Fertility models for statistical natural language understanding [C]. 35th Annual Meeting of the Association for Computational Linguistics, 1997:168 – 173.

[57] Macherey K, Och F J, Ney H. Natural language understanding using statistical machine translation [C]. Seventh European Conference on Speech Communication and Technology, 2001.

[58] He Y, Young S. Semantic processing using the hidden vector state model [J]. Computer speech & language, 2005, 19(1):85 – 106.

[59] Meng H M, Lam W, Wai C. To believe is to understand

[C]. Sixth European Conference on Speech Communication and Technology, 1999.

[60] Wu W L, Lu R Z, Duan J Y, et al. Spoken language understanding using weakly supervised learning[J]. Computer Speech & Language, 2010, 24(2):358 – 382.

[61] Minker W, Bennacef S, Gauvain J L. A stochastic case frame approach for natural language understanding[C]//Proceeding of Fourth International Conference on Spoken Language Processing. ICSLP'96. IEEE, 1996, 2: 1013 – 1016.

[62] Pieraccini R. Invited talk: spoken language understanding: the research/industry chasm [C]. Proceedings of the HLT – NAACL 2004 Workshop on Spoken Language Understanding for Conversational Systems and Higher Level Linguistic Information for Speech Processing, 2004: 47 – 47.

[63] Wang Y Y, Acero A, Chelba C, et al. Combination of statistical and rule-based approaches for spoken language understanding[C]. Seventh International Conference on Spoken Language Processing, 2002.

[64] Schapire R E, Rochery M, Rahim M, et al. Boosting with prior knowledge for call classification [J]. IEEE Transactions on Speech and Audio Processing, 2005, 13 (2):174 – 181.

[65] Rayner M, Hockey B A. Transparent combination of rule-based and data-driven approaches in a speech understanding architecture[C]. Proceedings of the Tenth Conference on European Chapter of the Association for Computational Linguistics, 2003:12 – 17.

[66] Wang Y, Mahajan M, Huang X. A unified context-free grammar and n-gram model for spoken language processing[C]. International Conference of Acoustics, Speech, and Signal Processing, 2000:1639 – 1642.

［67］Sneiders E. Automated FAQ answering: continued expe-
rience with shallow language understanding［J］. Tech. Rep. FS-99-
02. North Falmouth, Massachusetts, USA: AAAI Press, 1999:97 - 107.

［68］秦兵,刘挺,王洋,等. 基于常问问题集的中文问答系统
的研究［J］. 哈尔滨工业大学学报,2003,35(10):1179 - 1182.

［69］吴友政,赵军,段湘煜,等. 问答式检索技术及评测研究
综述［J］. 中文信息学报,2005,19(3):1 - 11.

［70］Andrenucci A, Sneiders E. Automated question answering:
review of the main approaches［C］. Proceedings of the 3rd International
Conference on Information Technology and Applications (ICITA'05),
2005,1:514 - 519.

［71］Hammond K, Burke R, Martin C, et al. FAQ finder: a
case-based approach to knowledge navigation［C］. The 11th Conference
on Artificial Intelligence for Applications, 1995:80 - 86.

［72］Burke R, Hammond K, Kulyukin V, et al. Question an-
swering from frequently asked question files: experiences with the FAQ
finder system［J］. AI Magazine, 1997, 18(2):57 - 66.

［73］Whitehead S. D. Auto-FAQ: an Experiment in Cyber-
space Leveraging［J］. Computer Networks and ISDN Systems, 1995,
28(1 - 2):137 - 146.

［74］Winiwarter W. Adaptive natural language interface to FAQ
knowledge bases［J］. International Journal on Data and Knowledge
Engineering, 1999, 35(2000):181 - 199.

［75］Lin J. The web as a resource for question answering: per-
spectives and challenges［C］. Proceedings of the Third International
Conference on Language Resources and Evaluation, 2002.

［76］Katz B. Annotating the World Wide Web using natural lan-
guage［C］. Proceedings of the 5th RIAO Conference on Computer

Assisted Information Searching on the Internet, 1997.

[77] Ask Jeeves. http://ask.com/.

[78] 余正涛, 郭剑毅, 邓锦辉, 等. 受限域 FAQ 中文问答系统研究[J]. 计算机研究与发展, 2007, 2: 388 - 393.

[79] Yang S Y, Chiu Y H, Ho C S. Ontology-supported and query template-based user modeling techniques for interface agents [C]. The 12th National Conference on Fuzzy Theory and Its Applications, 2004: 181 - 186.

[80] Tsuneaki K, Junichi F, Fumito M, et al. Handling information access dialogue through QA technologies—a novel challenge for open-domain question answering[C]. HLT–NAACL 2004 Workshop on Pragmatics in Question Answering, 2004: 70 - 77.

[81] Chai Joyce Y, Jin R. Discourse Status for Context Questions [C]. HLT-NAACL 2004 Workshop on Pragmatics in Question Answering, 2004: 23 - 30.

[82] Carbonell J G. Discourse pragmatics and ellipsis resolution in task-oriented natural language interfaces[C]. Proceedings of the 21st Annual Meeting on Association for Computational Linguistics, 1983: 164 - 168.

[83] Nils D, Jonsson A. Empirical studies of discourse representations for natural language interfaces[C]. Proceedings of the Fourth Conference of the European Chapter of the ACL (EACL'89), 1989: 291 - 298.

[84] Wang D S. A domain-specific question answering system based on ontology and question templates[C]. The 11th ACIS International Conference on Software Engineering, Artificial Intelligence, Networking and Parallel/Distributed Computing, 2010: 151 - 156.

[85] Matsuda M, Fukumoto J. Answering questions of IAD task

using reference resolution of follow-up questions [C]. Proceedings of the 5th NTCIR Workshop Meeting, 2005 :414 – 421.

[86] Lars A, Nils D, Jonsson A. Discourse representation and discourse management for natural language interfaces [C]. Proceeding of the Second Nordic Conference on Text Comprehension in Man and Machine, 1990.

[87] Mingyu S, Chai J J. Towards intelligent QA interfaces : discourse processing for context questions [C]. International Conference on Intelligent User Interfaces, 2006 :163 – 170.

[88] Voorhees E M. Overview of the TREC 2001 question answering track [C]. Proceedings of the tenth Text Retrieval Conference, 2001.

[89] Mori T, Kawaguchi S, Ishioroshi M. Answering contextual questions based on the cohesion with knowledge [C]. Proceedings of the 21st International Conference on the Computer Processing of Oriental Languages, 2006, 4285 : 1 – 12.

[90] De Boni M, Manandhar S. Implementing clarification dialogues in open domain question answering [J]. Natural Language Engineering, 2005 : 343 – 361.

[91] Yang F, Feng J, DiFabbrizio G. A data driven approach to relevancy recognition for contextual question answering [C]. HLT – NAACL 2006 Workshop on Interactive Question Answering, 2006.

[92] Kirschner M, Bernardi R, Baroni M, et al. Analyzing interactive QA dialogues using logistic regression models [C]. Proceedings of XIth International Conference of the Italian Association for Artificial Intelligence Reggio Emilia on Emergent Perspectives in Artificial Intelligence, 2009 : 334 – 344.

[93] Bernardi R, Kirschner M, Ratkovic Z. Context fusion : the

role of discourse structure and centering theory [C]. Proceedings of 19th International Conference on Language Resources and Evaluation, 2010:2014 – 2021.

[94] Kirschner M, Bernadi R. Towards an empirically motivated typology of follow-up questions: the role of dialogue context [C]. Proceedings of the 11th Annual Meeting of the Special Interest Group on Discourse and Dialogue, 2010:322 – 331.

[95] Kato T, Fukumoto J, Masui F, et al. Are open-domain question answering technologies useful for information access dialogues? An empirical study and a proposal of a novel challenge [J]. ACM Transactions on Asian Language Information Processing, 2005, 4(3): 243 – 262.

[96] van Schooten B, Op den akker R, Rosset S, et al. Follow-up question handling in the IMIX and Ritel systems: a comparative study [J]. Journal of Natural Language Engineering, 2009, 15(1):97 – 118.

[97] Murata Y, Akiba T, Fujii A, et al. Question answering experiments at NTCIR – 5: acquisition of answer evaluation patterns and context processing using passage retrieval [C]. Proceedings of the 5th NTCIR Workshop Meeting, 2005:394 – 401.

[98] Hobbs J R. On the coherence and structure of discourse. Center for the study of language and information from Leland Stanford Junior University [J]. Report No. CSLI – 85 – 37, 1985:1 – 2.

[99] Mann W C, Thompson S A. Rhetorical structure theory: a theory of text organization [J]. USC/ISI Technical Report ISI/RS – 87 – 190, 1987:87 – 190.

[100] Grosz B J, Sidner C. Attention, intention, and the structure of discourse [J]. Computational Linguistics, 1986, 12(3):175 – 204.

[101] Kamp H, Reyle U. From discourse to logic [M]. Dor-

drecht: Kluwer Academic Publishers, 1993.

[102] Lars A, Nils D, Jagonsson A. Discourse representation and discourse management for natural language interfaces [C]. Proceeding of the 2nd Nordic Conference on Text Comprehension in Man and Machine, 1990:1 – 14.

[103] Quarteroni S, Manandhar S. Adaptivity in question answering with user modeling and a dialogue interface[C]. Proceedings of the 11th Conference of the European Chapter of the Association for Computational Linguistics, 2006:199 – 202.

[104] Quarteroni S, Manandhar S. Designing an interactive open-domain question answering system[J]. Journal of Natural Language Engineering, 2009, 15(1):73 – 95.

[105] Quarteroni S, Manandhar S. User modeling for personalized question answering[C]. Congress of the Italian Association for Artificial Intelligence, Springer, Berlin, Heidelberg, 2007: 386 – 397.

[106] Sun M, Chai J J. Towards intelligent QA interfaces: discourse processing for context questions[C]. Proceedings of 11th International Conference on Intelligent User Interfaces, 2006:163 – 170.

[107] Tom M. Machine Learning[M]. McGraw Hill,1997.

[108] Hall P, Dowling G. Approximate string matching [J]. ACM Computing Surveys, 1980,12:381 – 402.

[109] Parekh R, Honavar V. Automata induction, Grammar inference, and language acquisition[M]. Handbook of natural language processing, 2000.

[110] Angluin D, Smith C H. Inductive inference: theory and methods[J]. Computing Surveys,1983, 15(3):237 – 269.

[111] 张瑞岭. 文法推断研究的历史和现状[J]. 软件学报, 1999,10(8):850 – 860.

[112] Fu K S, Booth T L. Grammatical inference: introduction and survey, part 1 [J]. IEEE Transactions on Systems, Man and Cybernetics, 1975:85 - 111.

[113] Fu K S, Booth T L. Grammatical inference: introduction and survey, part 2 [J]. IEEE Transactions on Systems, Man and Cybernetics, 1975:409 - 423.

[114] Vidal E, Casacuberta F, Garcia P. Grammatical inference and automatic speech recognition[J]. Speech Recognition and Coding, 1995:174 - 191.

[115] Stolcke A, Omohundro S M. Best-first model merging for Hidden Markov Model induction[J]. Tech. Rep. TR-94-003, International Computer Science Institute, 1994.

[116] Wang Y Y, Waibel A. Modeling with structures in statistical machine translation[C]. 36th Annual Meeting of the Association for Computational Linguistics/17th International Conference on Computational Linguistics, 1998.

[117] Wong C C, Meng H. Improvements on a semi-automatic grammar induction framework[C]. IEEE Automatic Speech Recognition and Understanding Workshop, 2001.

[118] Pargellis A, Fosler-Lussier E, Potamianos A, et al. Metrics for measuring domain independence of semantic classes [C]. Eurospeech 2001, 2001.

[119] Arai K, Wright J, Riccardi G, et al. Grammar fragment acquisition using syntactic and semantic clustering[C]. Proc. 4th Int. Conf. Spoken Language Processing, 1998.

[120] Meng H M, Siu K C. Semiautomatic acquisition of semantic structures for understanding domain-specific natural language queries[J]. IEEE Trans. Knowledge Data Eng, 2002,14:172 - 181.

［121］Kim J T, Moldovan D I. Acquisition of linguistic patterns for knowledge-based information extraction［J］. IEEE Transactions on Knowledge and Data Engineering, 1995, 7（5）:713 – 724.

［122］Yangarber R. Counter-training in discovery of semantic patterns［C］. Proceedings of the 41st Annual Meeting on Association for Computational Linguistics, 2003:343 – 350.

［123］Yangarber R, Grishman R, Tapanainen P, et al. Automatic acquisition of domain knowledge for Information Extraction［C］. Proceedings of the 18th Conference on Computational Linguistics, 2000.

［124］Rosé C P. Robust interactive dialogue interpretation［D］. Carnegie Mellon University, 1997.

［125］Jill L, Carbonell J. Learning the user's language: a step towards automated creation of user models［M］// Wahlster W, Kobska A. User Modeling in Dialogue System, 1989.

［126］Kiyono M, Tsujii J. Linguistic knowledge acquisition from parsing failures［C］. Proceedings of the Sixth Conferece of the European Chapter of the Association for Computational Linguistics, 1993.

［127］Wang Y Y, Acero A. Grammar learning for spoken language understanding［C］. IEEE Workshop on Automatic Speech Recognition and Understanding,2001.

［128］Plotkin G D. A note on inductive generalisation. Machine intelligence［M］. Edinburgh:Edinburgh University Press,1969:153 – 163.

［129］Plotkin G D. Automatic methods of inductive inference［D］. Edinburgh University, 1971.

［130］Plotkin G D. A further note on inductive generalization［M］// Machine intelligence. Edinburgh: Edinburgh University Press, 1971.

［131］Muggleton S H. Inductive logic programming［J］. New

Generation Computing, 1991, 8(4): 295 – 318.

[132] Muggleton S H. Inductive logic programming [M]. San Diego: Academic Press, 1992.

[133] Muggleton S H, Buntine W. Machine invention of first-order predicates by inverting resolution [C]. Proceedings of the 5th International Conference on Machine Learning, 1988: 339 – 352.

[134] Rouveirol C, Puget J F. A simple and general solution for inverting resolution [C]. EWSL – 89, 1989: 201 – 210.

[135] Stahl I. Constructive induction in inductive logic programming: an overview (Technical report) [J]. Fakultat Informatik, Universitat Stuttgart, 1992.

[136] Muggleton S H, De Raedt L. Inductive logic programming: theory and methods [J]. Journal of Logic Programming, 1994, 19(20): 629 – 679.

[137] Džeroski S Muggleton S H, Russell S. Learnability of constrained logic programs [C]. Proceedings of the European conference on machine learning, 1993: 342 – 347.

[138] Cohen W. PAC-learning a restricted class of logic programs [C]//Muggleton S. Proceedings of the 3rd International Workshop on Inductive Logic Programming, 1993: 41 – 72.

[139] Kietz J U. Some lower bounds on the computational complexity of inductive logic programming [C]. Brazdil P. Lecture notes in artificial intelligence. Proceedings of the 6th European Conference on Machine Learning, 1993, 667: 115 – 123.

[140] Khardon R. Learning first order universal horn expressions [C]. Proceedings of the Eleventh Annual ACM Conference on Computational Learning Theory, 1998: 154 – 165.

[141] Džeroski S, Lavrač N. Relational data mining [M].

Berlin: Springer, 2001.

[142] Muggleton S H. Inverse entailment and Progol[J]. New Generation Computing, 1995, 13:245 – 286.

[143] Muggleton S H, Bryant C H. Theory completion using inverse entailment [C]. Proc. of the 10th International Workshop on Inductive Logic Programming(ILP—00),Berlin:Springer,2000:130 – 146.

[144] Blockeel H, De Raedt L. Lookahead and discretization in ILP[C]. International Conference on Inductive Logic Programming, Springer, Berlin, Heidelberg, 1997: 77 – 84.

[145] Mihalkova L, Mooney R J. Transfer learning from minimal target data by mapping across relational domains[C]. IJCAI – 09: Proceedings of the Twentieth International Joint Conference on Artificial Intelligence, 2009:1163 – 1168.

[146] Torrey L, Shavlik J W. Policy transfer via Markov logic networks[C]// De Raedt L. LNAI: Proceedings of the Nineteenth International Conference on Inductive Logic Programming (ILP09), 2010,5989:234 – 248.

[147] Davis J, Domingo P. Deep transfer via second-order markov logic[C]. Proceedings of the Twenty-sixth International Workshop on Machine Learning,2009:217 – 224.

[148] Muggleton S H. Stochastic logic programs[M]//de Raedt L. Advances in inductive logic programming Amsterdam. IOS Press, 1996:254 – 264.

[149] Kersting K, De Raedt L. Towards combining inductive logic programming with bayesian networks[C]. LNAI: Proceedings of the Eleventh International Conference on Inductive Logic Programming, Berlin: Springer, 2001,2157:118 – 131.

[150] Sato T. Generative modeling with failure in prism[C]. In-

ternational Joint Conference on Artificial Intelligence,2005:847 -852.

[151] Poole D L. Abducing through negation as failure: stable models within the independent choice logic[J]. Journal of Logic Programming, 2000, 44(1 -3):5 -35.

[152] Domingos P S, Kok S, Poon H, et al. Unifying logical and statistical ai[C]. Proceedings of the Twenty-first National Conference on Artificial Intelligence, 2006:2 -7.

[153] Santos Costa V, Page D, Qazi M, et al. CLP(BN): Constraint logic programming for probabilistic knowledge[C]. Proceedings of the 19th Conference on Uncertainty in Artificial Intelligence, 2003: 517 -524.

[154] De Raedt L, Kimmig A, Toivonen H. ProbLog: a probabilistic Prolog and its application in link discovery[C]. Lopez de Mantaras R, Veloso M M, Proceedings of the 20th International Joint Conference on Artificial Intelligence, 2007:2462 -2467.

[155] De Raedt L, Kersting K. Probabilistic inductive logic programming[M]. Probabilistic Inductive Logic Programming. Springer, Berlin, Heidelberg, 2008: 1 -27.

[156] Cussens J. Parameter estimation in stochastic logic programs[J]. Machine Learning, 2001, 44(3):245 -271.

[157] Muggleton S H, Fidjeland A, Luk W. Scalable acceleration of inductive logic programs[J]. IEEE International Conference on Field-programmable Technology, New York: IEEE Press, 2002: 252 -259.

[158] Quinlan J R. Learning logical definitions from relations [J]. Machine Learning, 1990, 5:239 -266.

[159] Muggleton S H, Feng C. Efficient induction of logic programs[C]. Proceedings of the First conference on Algorithmic Learn-

ing Theory, Tokyo: Ohmsha,1990:368 – 381.

[160] De Raedt L, Bruynooghe M. Clint: a multi-strategy inter-active concept-learner and theory revision system[C]. Proceedings of the 1st International Workshop on Multistrategy Learning, San Mateo: Morgan Kaufmann, 1991:175 – 191.

[161] Lavrač N, Džeroski S, Grobelnik M. Learning nonrecur-sive definitions of relations with LINUS[C]. European Working Session on Learning. Springer, Berlin, Heidelberg, 1991: 265 – 281.

[162] Dolsak B, Muggleton S H. The application of inductive logic programming to finite element mesh design[C]//Muggleton S H. Inductive logic programming. London:Academic Press,1992:453 – 472.

[163] Muggleton S H, Feng C. Efficient induction of logic pro-grams[C]//Muggleton S H. Inductive logic programming. London: Academic Press,1992:281 – 298.

[164] Feng C. Inducing temporal fault diagnostic rules from a qualitative model[C]//Muggleton S H. Inductive logic programming. London: Academic Press,1992.

[165] King R D, Muggleton S H, Srinivasan A, et al. Structure-activity relationships derived by machine learning: the use of atoms and their bond connectives to predict mutagenicity by inductive logic pro-gramming[C]. Proceedings of the National Academy of Sciences, 1996, 93: 438 – 442.

[166] King R D, Whelan K E, Jones F M, et al. Functional genomic hypothesis generation and experimentation by a robot scientist [J]. Nature, 2004, 427:247 – 252.

[167] King R D, Rowland J, Oliver S G, et al. The automation of science[J]. Science, 2009, 324(5923):85 – 89.

[168] Chen J, Muggleton S H, Santos J. Learning probabilistic

logic models from probabilistic examples [J]. Machine Learning, 2008, 73(1):55 –85.

[169] 郑磊,贾东,刘椿年.归纳逻辑程序设计综述[J].计算机工程与应用,2003,39(17):46 –49.

[170] Muggleton S, De Raedt L, Poole D, et al. ILP turns 20 [J]. Machine Learning,2012,86(1):3 –23.

附　录

附录 A　汉语词性标注集

代码	名称	帮助记忆的诠释
Ag	形语素	形容词性语素。形容词代码为 a,语素代码 g 前面置以 A
a	形容词	取形容词英语 adjective 的第 1 个字母
ad	副形词	直接作状语的形容词。形容词代码 z:和副词代码 d 并在一起
an	名形词	具有名词功能的形容词。形容词代码 a 和名词代码 n 并在一起
b	区别词	取汉字"别"的声母
c	连词	取连词英语 conjunction 的第 1 个字母
Dg	副语素	副词性语素。副词代码为 d,语素代码 g 前面置以 D
d	副词	取 adverb 的第 2 个字母,因其第 1 个字母已用于形容词
e	叹词	取叹词英语 exclamation 的第 1 个字母
f	方位词	取汉字"方"的声母
g	语素	绝大多数语素都能作为合成词的"词根",取汉字"根"的声母
h	前接成分	取英语 head 的第 1 个字母
i	成语	取成语英语 idiom 的第 1 个字母
j	简称略语	取汉字"简"的声母
k	后接成分	

代码	名称	帮助记忆的诠释
l	习用语	习用语尚未成为成语,有点"临时性",取汉字"临"的声母
m	数词	取英语 numeral 的第 3 个字母,n 和 u 已有他用
Ng	名语素	名词性语素。名词代码为 n,语素代码 g 前面置以 N
n	名词	取名词英语 noun 的第 1 个字母
nr	人名	名词代码 n 和"人(ren)"的声母并在一起
ns	地名	名词代码 n 和处所词代码 s 并在一起
nt	机构团体	"团"的声母为 t,名词代码 n 和 t 并在一起
nz	其他专名	"专"的声母的第 1 个字母为 z,名词代码 n 和 z 并在一起
o	拟声词	取拟声词英语 onomatopoeia 的第 1 个字母
ba	介词(把、将)	
bei	介词(被)	
p	介词	取介词英语 prepositional 的第 1 个字母
q	量词	取英语 quantity 的第 1 个字母
r	代词	取代词英语 pronoun 的第 2 个字母,因 p 已用于介词
s	处所词	取英语 space 的第 1 个字母
Tg	时语素	时间词性语素。时间词代码为 t,在语素的代码 g 前面置以 T
t	时间词	取英语 time 的第 1 个字母
dec	助词	的、之
deg	助词	得
di	助词	地
etc	助词	等、等等
as	助词	了、着、过
msp	助词	所

代码	名称	帮助记忆的诠释
u	其他助词	取助词英语 auxiliary 的第 2 个字母,因 a 已用于形容词
Vg	动语素	动词性语素。动词代码为 v,在语素的代码 g 前面置以 V
v	动词	取动词英语 verb 的第 1 个字母
vd	副动词	直接作状语的动词。动词和副词的代码并在一起
vn	名动词	指具有名词功能的动词。动词和名词的代码并在一起
vl	联系动词	是、为
vu	助动词	能、会、应、可、要、应该、可能
vf	超向动词	起、来、到、出、进、起来、上去、上来
w。	。	
w,	,	
w?	?	
w!	!	
w、	、	
w;	;	
w:	:	
w"	"	
w"	"	
w《	《	
w》	》	
w(	(	
w)	)	
w'	'	

代码	名称	帮助记忆的诠释
w '	'	
w 『	『	
w 』	』	
w……	……	
w	其他标点符导	
x	非语素字	非语素字只是一个符号。字母 x 通常用于代表未知数、符号
y	语气词	取汉字"语"的声母
z	状态词	取汉字"状"的声母的前一个字母

说明:本标注集基于北大标注集。

附录 B 语义文法约束预定义谓词和函数

(1) *streq*(<参数 0 >,<参数 1 >,<参数 2 >)

说明:在<参数 0 >所代表的句子中,比较<参数 1 >,<参数 2 >是否相等。若相等,则返回 true;否则返回 false。

(2) *strneq*(<参数 0 >,<参数 1 >,<参数 2 >)

说明:在<参数 0 >所代表的句子中,比较<参数 1 >,<参数 2 >是否不等。若不等,则返回 true;否则返回 false。

(3) *contain*(<参数 0 >,<参数 1 >,<参数 2 >)

说明:在 <参数 0 >所代表的句子中,<参数 1 >是否包含<参数2 >,即<参数 2 >是<参数 1 >的一个子串。若包含则返回 true;否则返回 false。

(4) *not-contain*(<参数 0 >,<参数 1 >,<参数 2 >)

说明:在<参数 0 >所代表的句子中,<参数 1 >是否不包含<参数 2 >,即<参数 2 >不在<参数 1 >中出现。若不包含则返回 true;否则返回 false。

（5）*begin-with*（＜参数 0＞,＜参数 1＞,＜参数 2＞）

说明:在＜参数 0＞所代表的句子中,＜参数 1＞是否以＜参数 2＞开头。若是则返回 true;否则返回 false。

（6）*not-begin-with*（＜参数 0＞,＜参数 1＞,＜参数 2＞）

说明:在＜参数 0＞所代表的句子中,＜参数 1＞是否不以＜参数 2＞开头。若不是则返回 true;否则返回 false。

（7）*end-with*（＜参数 0＞,＜参数 1＞,＜参数 2＞）

说明:在＜参数 0＞所代表的句子中,＜参数 1＞是否以＜参数 2＞结尾。若是则返回 true;否则返回 false。

（8）*not-end-with*（＜参数 0＞,＜参数 1＞,＜参数 2＞）

说明:在＜参数 0＞所代表的句子中,＜参数 1＞是否不以＜参数 2＞结尾。若不是则返回 true;否则返回 false。

（9）*num-bigger-than*（＜参数 1＞,＜参数 2＞）

说明:数值＜参数 1＞是否大于数值＜参数 2＞。若是则返回 true;否则返回 false。

（10）*num-smaller-than*（＜参数 1＞,＜参数 2＞）

说明:数值＜参数 1＞是否小于数值＜参数 2＞。若是则返回 true;否则返回 false。

（11）*num-eq*（＜参数 1＞,＜参数 2＞）

说明:数值＜参数 1＞是否等于数值＜参数 2＞。若是则返回 true;否则返回 false。